M. M. Sonkamble
Y. B. Matre
T. Yashodhara

Efeito dos reguladores de crescimento na biologia e nas características econômicas do bicho-da-seda

M. M. Sonkamble
Y. B. Matre
T. Yashodhara

Efeito dos reguladores de crescimento na biologia e nas características econômicas do bicho-da-seda

ScienciaScripts

Cover image: www.ingimage.com

This book is a translation from the original published under ISBN 978-620-4-75151-1.

Publisher:
Sciencia Scripts
is a trademark of
Dodo Books Indian Ocean Ltd. and OmniScriptum S.R.L publishing group

120 High Road, East Finchley, London, N2 9ED, United Kingdom
Str. Armeneasca 28/1, office 1, Chisinau MD-2012, Republic of Moldova, Europe
Managing Directors: Ieva Konstantinova, Victoria Ursu
info@omniscriptum.com

Printed at: see last page
ISBN: 978-620-8-56245-8

EFEITO DOS REGULADORES DE CRESCIMENTO NA BIOLOGIA E NOS ASPECTOS ECONÓMICOS DO BAVALO DA SÍLVIA *(Bombyx mori* L.)"

Índice

CAPÍTULO 1: INTRODUÇÃO

A sericultura, uma indústria antiga na Índia e na Ásia, é uma atividade económica comercialmente viável e de mão de obra intensiva, que se insere no sector artesanal e de pequena escala. Envolve a produção de seda, que é o produto final. Esta indústria é particularmente adequada para as populações rurais que se dedicam à agricultura, bem como para os empresários e artesãos, devido à sua baixa necessidade de investimento e ao seu potencial de rendimentos relativamente mais elevados. Desempenha um papel crucial na geração de rendimentos e de oportunidades de emprego para as populações rurais, especialmente para os agricultores com pequenas explorações e para os sectores vulneráveis da sociedade. O Maharashtra, apesar de ser um Estado não tradicional em matéria de sericultura, produz seda de amora e de tasar. Nomeadamente, o Estado é excelente na sericultura bivoltina, representando 98% da sua produção, e ocupa o primeiro lugar entre os Estados não tradicionais da Índia, o que o torna uma região promissora para o fabrico de seda (Hiware 2016).

A sericultura desempenha um papel significativo tanto na economia mundial como na economia rural. A China detém a distinção de ser o maior produtor de seda a nível mundial, enquanto a Índia segue de perto como o segundo maior produtor de seda crua e um consumidor proeminente de seda pura na cena mundial. Outros países produtores de seda notáveis incluem o Uzbequistão, o Brasil, o Japão, a República da Coreia, a Tailândia, o Vietname e o Irão. Vários países também se dedicam à produção de casulos e de seda crua, embora em quantidades mínimas. Estes países incluem o Quénia, o Botsuana, a Nigéria, a Zâmbia, o Zimbabué, o Bangladesh, a Colômbia, o Egito, o Japão, o Nepal, a Bulgária, a Turquia, o Uganda, a Malásia, a Roménia e a Bolívia. Em termos de consumo, os principais países consumidores de seda incluem os EUA, Itália, Japão, Índia, França, China, Reino Unido, Suíça, Alemanha, Emirados Árabes Unidos, Coréia e Vietnã. No ano fiscal de 2021, a Índia registou a maior produção de seda de amoreira (seda crua), com quase 24 mil toneladas métricas, seguida da Vanya ou seda selvagem com mais de nove toneladas métricas. O estado meridional de Karnataka ocupou a posição de liderança como produtor de seda crua durante esse período (Anonymous, 2022)

O *Bombyx mori* L., vulgarmente conhecido como bicho-da-seda da amoreira, é um inseto monófago que se alimenta exclusivamente das folhas da amoreira *(Morusspp.)*

para satisfazer as suas necessidades nutricionais e produz seda natural à base de proteínas. Durante a sua fase larvar, o bicho-da-seda atinge normalmente um peso de cerca de 4-5 gramas, dependendo de factores como o tipo de folha de amoreira, as condições ambientais e a raça ou híbrido específico do bicho-da-seda. Consome aproximadamente 15-20 gramas de folhas ao longo das suas várias fases larvares, sendo as duas últimas fases responsáveis por 80-85% do consumo total. Enquanto a taxa de consumo de alimentos aumenta com cada estágio larval, a conversão de alimentos em peso corporal diminui (Bongale *et al.*, 1997).

A ingestão nutricional dos bichos-da-seda tem um impacto direto na sua composição genética, bem como em várias caraterísticas como a qualidade do casulo, a pupação, a produção de seda e as caraterísticas reprodutivas (Rathod *et al.*, 2015). Ao longo dos séculos, a domesticação cuidadosa e a reprodução intensiva desempenharam um papel significativo no aumento da eficiência deste inseto comercialmente valioso na utilização de nutrientes. Por conseguinte, assegurar o fornecimento atempado de folhas de amoreira nutricionalmente ricas em quantidades óptimas torna-se um aspeto crucial, uma vez que influencia grandemente a produtividade do casulo (Gangarathanamma *et al.*, 2005).

A sericultura é uma empresa agrícola economicamente sustentável que beneficia a população rural do sector informal, principalmente devido à sua baixa necessidade de capital fixo e ao seu potencial de elevados rendimentos. No processo de sericultura, são gerados vários materiais orgânicos como resíduos, incluindo excrementos de larvas, folhas, larvas mortas, traças e casulos. Infelizmente, os agricultores tribais não utilizam atualmente de forma adequada estes resíduos ricos em matéria orgânica para fins produtivos. Em contrapartida, os resíduos orgânicos, tanto de origem animal como vegetal, são eficazmente utilizados para a vermicompostagem através da atividade de minhocas indígenas e exóticas. Estudos anteriores demonstraram que os resíduos do cultivo da amoreira na sericultura também podem ser efetivamente utilizados para a produção de adubo orgânico utilizando este método de vermicompostagem (Kalaiyarasan *et al,* 2015).

A produção de seda na Índia precisa de ser melhorada, tanto em termos de quantidade como de qualidade, em comparação com outros grandes países produtores de seda. As estratégias para o êxito da indústria sericícola dependem essencialmente do êxito da colheita das culturas de casulos. A suplementação de nutrientes suplementares juntamente com as folhas de amoreira resulta num rendimento mais elevado, porque a produção de seda de qualidade e quantidade superiores depende principalmente do estado nutricional e da saúde da larva. O ácido fólico ou folato é uma das vitaminas B importantes para o crescimento saudável do feto humano e é essencial para o desenvolvimento normal da coluna vertebral, do cérebro e do crânio do bebé, tendo sido igualmente referido que é necessário para a biossíntese de ácidos nucleicos nos insectos. A suplementação com vitamina B aumentou a resistência contra condições ambientais desfavoráveis e aumentou o peso corporal do bicho-da-seda (Das e Medda, 1998).

Os reguladores de crescimento do bicho-da-seda (SGR), tais como as hormonas juvenis e de muda e os seus análogos (juvenóides e ecdisóides), quando utilizados judiciosamente, têm-se revelado úteis na indústria sericícola. Sabe-se que o bicho-da-seda, *Bombyx mori* L., exibe um efeito estimulante na administração de análogos exógenos de JH em quantidades mínimas, o que leva a um aumento das caraterísticas comerciais, como o peso do casulo, o peso da casca e o comprimento do filamento da seda (Akai *et al.* 1985; Mamatha *et al;* 2006) Este princípio foi explorado na indústria da sericultura, na qual a criação do bicho-da-seda e a produção de casulos podem ser geridas de forma eficaz ou manipuladas positivamente, dependendo das necessidades, através da administração de compostos bioactivos que imitam a hormona circulante, independentemente da fonte. Os análogos ou mímicos da JH têm sido uma opção célebre para os sericicultores, uma vez que podem controlar a função das glândulas da seda e, indiretamente, provocar um aumento da produção de seda. Anteriormente, ficou claro que a JH exógena atrasa a lmaturação das larvas do bicho-da-seda e que o aumento da produção de seda se deve principalmente a este fenómeno (Akai *et al.* 1985).

A maturação dos vermes no bicho-da-seda é atribuída a um mecanismo regulador controlado por uma hormona chamada ecdysone (especificamente 20-hidroxiecdysone) presente no bicho-da-seda. A maturação não uniforme deve-se ao facto de a hormona não atingir o nível ótimo necessário para a fiação em todos os bichos simultaneamente (Trivedy *et al.*, 2006). O problema da não sincronização pode ser resolvido gerindo a maturação precoce da população (Zhuang *et al,* 1992) através da aplicação de ecdisteróides, obtendo-se assim uniformidade na fiação e, consequentemente, uniformidade nos casulos comerciais. Estudos demonstraram que a administração criteriosa de ecdisteróides, também conhecida como hormona da muda (MH), acelera os eventos de maturação, sincroniza as actividades de fiação e encurta o período de muda nos bichos-da-seda (*Bombyx mori* L) (Nair *et al,* 2002).

O MH endógeno é sintetizado e libertado pelas glândulas protorácicas, que são induzidas pela hormona protoracicotrópica (PTTH) libertada pelas células neurosecretoras (NSCs) no cérebro, induzindo assim a muda e a metamorfose nos bichos-da-seda. Por outro lado, a dose exógena de ecdisteróide acelera estas actividades. Sabe-se que algumas plantas sintetizam ecdisteróides como mecanismo de defesa, e que estas plantas contêm grandes quantidades destes compostos (Schmelz *et al,* 2000). Os ecdisteróides derivados de fontes vegetais são normalmente conhecidos como fitoecdisteróides e verificou-se que são 20 vezes mais activos do que os zooecdisteróides (Nair *et al.,* 2002). No contexto da sericultura, os ecdisteróides podem referir-se a qualquer fitoesterol estruturalmente semelhante ao ecdisteróide natural dos insectos, 20-hidroxiecdisona, que pode induzir uma resposta nos bichos-da-seda equivalente à do ecdisteróide natural. Poderiam ser utilizados para sincronizar a atividade de maturação, obter uma fiação uniforme nos bichos-da-seda num período de 18-24 horas após a aplicação nas folhas de amoreira e alimentá-los com bichos-da-seda quando apenas 3-5% dos bichos amadureceram para a fiação. Esta abordagem pode poupar uma quantidade substancial de folhas de amoreira e mão de obra em comparação com os habituais 3-4 dias necessários em condições de campo. Também pode acelerar as actividades de maturação e acelerar o processo de fiação do casulo em condições de stress, tais como a escassez imprevista de folhas de amoreira durante o período facultativo da quinta idade (últimos três dias), ou surtos de doenças que podem resultar na perda parcial ou total da colheita. Nessas condições, a alimentação de Phytoecdysteroid com folhas de amoreira pode acelerar a maturação, salvando assim a cultura do casulo até certo ponto. Além disso, foi relatado que a administração comercial de Phytoecdysteroid durante a quinta idade é usada para aumentar a produtividade, aumentando o peso do casulo, o peso da casca e a percentagem de casca (Chou e Lu, 1980; Zhuang *et al,* 1992).

Assim, as presentes investigações serão levadas a cabo com os seguintes objectivos

1. Avaliar o efeito de diferentes reguladores de crescimento na biologia e nas caraterísticas económicas do *bicho-da-seda (Bombyx moriL.)*

2. Avaliar a necessidade de folhas de amoreira para o desenvolvimento do bicho-da-seda de idade tardia

3. Estudar o estado nutricional dos seri-resíduos

CAPÍTULO 2: REVISÃO DA LITERATURA

1. Avaliar o efeito de diferentes reguladores de crescimento na biologia e nas caraterísticas económicas do silkworm(/tom/ʌrʌ' *moriL.)*

Magadum e Hooli (1989) verificaram que a aplicação de um análogo sintético da hormona juvenil denominado "Manta" topicamente em larvas *de B. mori* L. de terceiro e quarto instares, especificamente na 36.ª hora após a segunda e terceira ecdise, teve efeitos significativos. A duração das larvas foi significativamente aumentada, enquanto as taxas de emergência das traças foram significativamente reduzidas. Além disso, a aplicação de "Manta" no momento especificado aumentou significativamente o peso das larvas, o peso da glândula da seda, o peso do casulo e o peso da casca, mas também reduziu significativamente a formação de casulos.

Gaaboubet al. (1990) investigaram o impacto do tratamento de larvas com altosid (metopreno), ZR-616 (triprene) e dimilin (diflubenzuron) nos bichos-da-seda e descobriram que o tratamento de larvas de 4th ou 5th instar com triprene levou à produção de fibras de seda mais longas.

Plantevinet al. (1991) investigaram o efeito do regulador de crescimento de insectos, fenoxycarb, no desenvolvimento pós-embrionário do bicho-da-seda e revelaram que as larvas tratadas eram mais pesadas do que as larvas não tratadas, mas as suas glândulas de seda eram mais pequenas.

Nirwani e Kaliwal (1995) relataram que a suplementação dietética de ácido fólico resultou numa melhoria significativa dos caracteres económicos dos bichos-da-seda. Observaram que a adição de ácido fólico à dieta conduziu a um aumento de 20-30% nas caraterísticas económicas dos bichos-da-seda.

Trivedyet al. (1997) investigaram o impacto da hormona juvenil R394 nos bichos-da-seda. Observaram que a aplicação de R394, especificamente 0,031 nl, em larvas do quinto instar do bicho-da-seda com um dia de idade resultou num prolongamento do período larvar em um dia. Além disso, verificaram que esta aplicação conduziu a uma melhoria do peso da casca, que aumentou 8%.

Bharathi e Miao (1999) examinaram o impacto do metopreno, do MH-III e de uma combinação de metopreno e MH-III em *B.* moriL., bichos-da-seda alimentados com uma dieta artificial à base de folhas de amoreira. Verificaram que a fase larvar de quinto instar e o período de eclosão (emergência do adulto) foram significativamente prolongados quando expostos a estas substâncias. Além disso, observou-se que o MH-III tem uma influência na promoção de uma maturidade uniforme nos bichos-da-seda.

Sashindranet al. (2001) realizaram um estudo em *Bombyx mori* L. para investigar os efeitos da hormona juvenil NL 13 e descobriram que a administração de 5 ppm de NL13 a larvas com 48 a 51 horas de idade na sua fase de 5º instar resultou na melhoria mais significativa das caraterísticas comerciais.

Nair *et al.* (2001) realizaram a administração tópica de um mimetizador de hormônio juvenil chamado epóxido de BPE em bichos-da-seda de quinto instar em vários intervalos de tempo (24, 48, 72 e 96 horas) e três doses diferentes (0,125, 0,25 e 0,50 μl/ml). Os pesquisadores descobriram que a aplicação de 0,25 μ l / ml de BPE em vermes de quinto instar com um dia de idade produziu resultados favoráveis para melhorar as caraterísticas comerciais. Eles observaram um aumento de 10,47% no peso do casulo, um aumento de 15,21% no peso da casca, um aumento de 11,69% no peso da larva e uma melhoria de 2% na ERR (Eficiência da Taxa de Criação).

Chandrakalet al. (2001) referiram que a administração de fitoecdisteróides durante o quinto instar do bicho-da-seda, *Bombyx mori*, particularmente na fase de fiação da amostra, produziu os resultados mais benéficos. Este tratamento conduziu a várias vantagens, incluindo a indução de fiação uniforme, a redução dos períodos larvares e de muda e o aumento da uniformidade no processo de montagem.

Rai *et al.* (2002) investigaram os efeitos da administração de ácido fólico a larvas de quinto instar do bicho-da-seda. Verificaram que o peso das larvas aumentou e a duração diminuiu em todos os grupos de tratamento em comparação com o controlo. A concentração mais elevada de ácido fólico (0,5 mg/ml) resultou em melhorias significativas nas principais caraterísticas económicas dos casulos, incluindo um aumento do peso do casulo (12,2%), do peso da casca (21,9%), do comprimento do filamento da seda (17,8%) e do peso da seda (23,0%). Os investigadores sugeriram que o ácido fólico facilitou a síntese de ácido nucleico nas células das glândulas da seda, aumentando o teor de seda na casca. A fecundidade também aumentou significativamente em 32,6%, indicando um papel potencial na oogénese e na formação da gema nos bichos-da-seda. Globalmente, o estudo demonstrou o impacto positivo da suplementação com ácido fólico em várias caraterísticas económicas dos casulos do bicho-da-seda.

Nair *et al.* (2002) referiram que os bichos-da-seda de uma população não amadurecem simultaneamente para fiação em condições de campo e que o processo de maturação continua durante 2-3 dias nas zonas tropicais e 3-4 dias nas zonas temperadas.

Miranda *et al.* (2002) investigaram os efeitos da aplicação tópica de metopreno em bichos-da-seda. Verificaram que o metopreno teve uma influência positiva na duração das larvas de quinto instar. Além disso, quando tratados com metopreno ou com uma combinação de metopreno e MI-l-III, observaram aumentos significativos nos pesos das larvas totalmente crescidas, do casulo e da casca, bem como na proporção da casca e no conteúdo de fibroína.

Sashindranet al. (2003) efectuaram uma investigação sobre a influência do bakuchiol, um análogo da hormona juvenil, na produção de seda da espécie de bicho-da-seda *B. mori.* Observaram que o tratamento mais favorável para melhorar as caraterísticas comerciais envolvia a aplicação de 1,25 ppm de bakuchiol a larvas de quinto instar com 48 horas de idade. Este tratamento resultou em aumentos significativos no peso do casulo, no peso da casca do casulo e no comprimento do filamento, indicando o seu impacto positivo na produção de seda.

Nair *et al.* (2004) examinaram o impacto do juvenóide nas larvas do bicho-da-seda. Descobriram que, quando o tratamento era administrado 48 ou 72 horas após a quarta muda, o período de alimentação das larvas era prolongado por mais cinco dias em comparação com o grupo de controlo. Além disso, observou-se um aumento significativo do peso corporal das larvas como resultado do tratamento.

Nair *et al.* (2005) investigaram a resposta variável do bicho-da-seda, *Bombyx mori* L., ao fitoecdisteróide, dependendo do momento da administração. Os investigadores verificaram que, quando as larvas foram tratadas com Phytoecdysteroid às 72 horas, houve efeitos adversos nas caraterísticas económicas do bicho-da-seda. No entanto, observaram uma redução significativa na duração das larvas como resultado do tratamento.

Mamatha *et al.* (2006) descobriram que os casulos do bicho-da-seda de 1,0 Jlgmethoprene e 3,0 Jlg por larva tratada nos dias um e dois mostraram melhores caracteres quantitativos dos casulos seguidos de caracteres qualitativos da seda em relação ao controlo. A utilização de hormonas juvenis como o metopreno e o fenoxicarbe durante a época de verão ajudará a obter uma melhor produção de casulos.

Rahmathullaet al. (2007), a criação de um híbrido bivoltino (CSR2 X CSR4) de bichos-da-seda foi efectuada utilizando folhas de amoreira suplementadas com ácido fólico em concentrações de 100 e 150 ppm. Os investigadores observaram que as larvas alimentadas com folhas de amoreira enriquecidas com ácido fólico apresentavam maior peso larvar, peso da casca e taxa de crescimento em comparação com os outros lotes. Além disso, os lotes tratados revelaram melhorias notáveis nos parâmetros económicos, incluindo um aumento do peso do casulo, do peso da casca e da taxa de casca, quando comparados com os lotes de controlo. Estes resultados sugerem que a adição de ácido fólico à dieta do bicho-da-seda influenciou positivamente o seu crescimento e desenvolvimento, resultando em caraterísticas de casulo melhoradas com pesos mais elevados e melhores rácios de casca.

Pai e Hemlatha (2007) investigaram o efeito do PABA no bicho-da-seda e descobriram que, embora o PABA aumentasse a produção de seda, prejudicava os caracteres de aptidão.

Marghitaset al. (2007) realizaram uma experiência para estudar os caracteres quantitativos dos bichos-da-seda após a aplicação tópica de metopreno e fenoxicarbe e referiram que ambos influenciaram positivamente a duração do quinto instar do bicho-da-seda e estudaram os caracteres quantitativos do bicho-da-seda após a aplicação tópica de metopreno e fenoxicarbe e referiram que o aumento da produção de seda foi de aproximadamente 25% com 1 ng de metopreno.

Unni *et al.* (2008) verificaram que as larvas do bicho-da-seda alimentadas com folhas de plantas tratadas com uma combinação específica de estirpes apresentavam uma maior atividade enzimática em vários tecidos, incluindo a glândula da seda, a hemolinfa e o corpo adiposo. As enzimas trealase, transaminase e fosforilase apresentaram um aumento da atividade nestes tecidos. Como resultado, os casulos produzidos por estes bichos-da-seda demonstraram melhorias tanto na qualidade como na quantidade de seda. Os investigadores sugeriram que este estudo poderia ser utilizado para melhorar a produção de seda através da aplicação de rizobactérias promotoras do crescimento de plantas, melhorando assim a qualidade e a quantidade globais da produção de seda.

Nair *et al.* (2008) verificaram que o tratamento com JHA aumenta consideravelmente o rendimento de casulos com o prolongamento do período de 5th instar pelo menos por 24 h e relataram que o JHA aumenta o rendimento de casulos com o prolongamento do período de 5th instar pelo menos por 24 h.

Gangwar (2009) efectuou uma experiência para investigar o efeito do mimetizador de JH R394 aplicado topicamente no tergum abdonimal do bicho-da-seda (*B. mori* L.) e relatou que a dose mais eficaz foi de 0,01 J.Ll/larva quando aplicada 48 e 72 horas após o recomeço da última muda. Observou-se que o desenvolvimento aumenta devido ao aumento do período de alimentação sem qualquer aumento significativo na seda e na proporção de seda.

Nair *et al.*, (2010) descobriram que a JAI e os mímicos provocaram uma resposta positiva notável no bicho-da-seda em termos de melhoria de caraterísticas económicas, tais como caracteres larvares e do casulo. O NL 13, 5 ppm e o bakuchiol, 1,25 ppm às 48 h do 5.° instar mostraram a melhoria máxima nas caraterísticas do casulo na ordem dos 10-15 por cento.

Mali e Khyade (2010) relataram que a duração das larvas, o peso das larvas e das glândulas de seda aumentaram significativamente após o tratamento com manta (análogo de JH) ou manta seguida de tratamento com insulina.

Mali e Khayade (2010) examinaram os efeitos de um análogo de JH e insulina em as caraterísticas dos estágios larvais e de casulo em *B. mori.* Verificaram que a administração de manta seguida de insulina resultou na produção de casulos mais pesados e de cascas de casulo mais espessas.

Nair *et al.* (2011) relataram que o JHA SB-515 prolongou o período de alimentação das larvas no intervalo de 6-48 h, dependendo da concentração do composto, e descobriram que o análogo do JH SB-515 resultou num aumento de 11,5% no peso do casulo, 13,65% no peso da casca e 9,35% no rendimento do casulo por 100 dfls em comparação com o grupo de controlo.

Venugopal *et al.* (2011) examinaram o impacto da hormona fitoecdisteróide no processo de maturação e fiação do bicho-da-seda *Bombyx mori* L. nas condições semi-áridas de Andhra Pradesh. Observaram que a aplicação da hormona resultou numa maturação acelerada de aproximadamente 80% dos bichos-da-seda em 8-12 horas em condições laboratoriais e 20-25 horas em condições de campo.

Sashindranet al. (2011) examinaram o impacto do análogo da hormona juvenil SB-515 nos bichos-da-seda. Observaram que o período de alimentação das larvas foi alargado por uma duração que variava entre 6 e 48 horas, dependendo da concentração do composto e do momento da sua administração, e observaram melhorias substanciais no peso do casulo, no peso da casca e na percentagem de casca do casulo.

Rahmathullaet al. (2011) investigaram a influência da administração oral de ácido fólico a larvas de quinto instar do bicho-da-seda de um popular híbrido bivoltino indiano (CSR2 x CSR4). Verificaram que a pulverização de uma solução de ácido fólico em folhas de amoreira e a sua subsequente alimentação dos bichos-da-seda resultou em melhorias significativas no peso das larvas, no peso da glândula da seda e na taxa de crescimento. Estas melhorias no peso das larvas e das glândulas da seda tiveram subsequentemente um impacto positivo nos parâmetros económicos dos lotes tratados, incluindo o aumento do peso do casulo, do peso da casca e da proporção da casca.

Rufaieet al. (2012) relataram que três extractos de plantas disponíveis localmente de *Taxus WallichianaZucc.* (Himalayan Yew), *Cupressus tularosa* Linn (Cupreous) e *Datura stramonium* Linn. (Datura) continham uma concentração razoável de 20-hidroxiecdysone (β-ecdysone). Estes extractos de plantas foram subsequentemente utilizados com o objetivo de sincronizar a maturação no bicho-da-seda *Bombyx mori* L.

Brindha *et al.* (2012) investigaram os efeitos da aplicação tópica do mimetizador da hormona juvenil R394 em larvas *de B. mori* de quinto instar. Eles testaram uma gama de concentrações, de 500 a 0,0078 µg/5 µl de acetona/larva, em diferentes intervalos de tempo (24, 48, 72 e 96 horas). Os pesquisadores descobriram que a aplicação de 0,03 µg de R394 em larvas de quinto instar com um dia de idade melhorou o peso da casca em 8%. Adicionalmente, observaram que quando a mesma dose foi aplicada às 48, 72 e 96 horas, prolongou o período larvar em um dia sem afetar a duração da fase larvar de quinto instar. Além disso, observaram melhorias de 3% a 10% no peso do casulo e no peso da casca como resultado do tratamento.

Dutta *et al.* (2013) relataram que as larvas do bicho-da-seda muga tratadas com concentrações mais elevadas de 20-hidroxiecdysone (15 µg) e JH-III (10 µg) exibiram melhorias significativas na formação de casulos, peso do casulo e peso da casca em comparação com o grupo de controlo. Especificamente, as larvas tratadas com 20-hidroxiecdisona tiveram uma taxa de formação de casulos de 86,2% com um peso médio de casulos de 6,174 g e um peso de casca de 0,576 g. Da mesma forma, as larvas tratadas com JH-III tiveram uma taxa de formação de casulos de 78,4% com um peso médio de casulos de 5,616 g e um peso de casca de 0,532 g. Estes resultados sugerem que a aplicação de concentrações mais elevadas de 20-hidroxiecdysone e JH-III influenciou positivamente os traços do casulo em larvas do bicho-da-seda muga e também observou que as larvas do bicho-da-seda muga tratadas com concentrações mais elevadas de 20-hidroxiecdyson (15)g e JH-III (10g) exibiram maior fecundidade (179,3 ± 8,35 nos e 163,6 ± 2,97 nos). A aplicação de JH-III resultou no prolongamento do período larvar (8,0 ± 0,44 dias), no entanto, o tratamento com 20-hidroxiecdisona encurtou o período larvar (5,8 ± 0,37 dias).

Nagendraradhya e Jagadeesh Kumar (2013) observaram que a hormona juvenil imitadora (Samrudhi) administrada a larvas do bicho-da-seda em dose única às 48h, 72h e 96h do 5.º instar implica uma resposta positiva significativa nos caracteres das larvas e dos casulos.

Rufaieet al. (2015) investigaram que, quando os híbridos de bichos-da-seda foram tratados com um extrato de planta contendo 20-hidroxiecdysone, o seu processo de montagem, que normalmente demorava 36-40 horas a completar, foi acelerado para 18-24 horas. Este tratamento com fitoecdisteróides revelou uma eficácia notável na aceleração do processo de maturação dos híbridos de bicho-da-seda, nomeadamente em termos de preservação da cultura. No entanto, teve efeitos adversos noutras caraterísticas, como a duração da larva, o peso da larva e as caraterísticas do casulo. O impacto deste tratamento sobre estes aspectos não foi favorável.

Cheng *et al.* (2017) relataram que as propriedades das sedas do bicho-da-seda foram investigadas com infravermelho por transformada de Fourier (FTIR) e análises de aminoácidos, testes termogravimétricos e de tração quase estáticos. Os nossos resultados mostraram um mapa de distribuição da concentração primária do elemento Cu ou Ag nos tecidos das larvas do bicho-da-seda através da dieta modificada, e as NPs de Cu ou Ag tiveram uma influência ligeiramente negativa no crescimento das larvas do bicho-da-seda. Os resultados dos espectros FTIR e das análises de aminoácidos mostraram que as NPs de Cu ou Ag inibiram ligeiramente a transição da conformação da folha β e promoveram a cristalização da proteína da seda. Além disso, as NPs de cobre ou prata melhoraram obviamente a estabilidade térmica e as propriedades mecânicas da seda do bicho-da-seda com um mecanismo competitivo de acoplamento.

Akarsha *et al.* (2020) relataram que o consumo contínuo de alimentos, o perfil enzimático exibe profusamente a atividade da enzima. O quantum de expressão dos caracteres económicos em termos de alteração percentual é atribuído à expressão de um melhor desempenho do peso do casulo, da relação da casca, do comprimento do filamento, do peso do filamento e do denier, exceto para a renditta em T2 (48h) e T1 (24h), seguido de T0 (controlo não tratado), foram obtidos nas presentes abordagens experimentais. O Serimore é uma formulação sintética bioactiva concebida e desenvolvida para melhorar o desempenho das raças e a sua avaliação, pelo que foi escolhido para compreender o papel/dinâmica do composto sintético nas presentes investigações.

Garai *et al.* (2022) referiram que os mímicos da hormona juvenil são conhecidos por prolongar a vida larvar dos insectos e, por conseguinte, na sericultura, demonstraram aumentar a produção de casulos e de seda, A influência dos fitojuvenóides do Pinus *(Pinus roxburghii),* da *anona (Annona squamosa)* e da tapioca *(Manihot esculenta),* de um mimetizador da hormona juvenil disponível no mercado, o Serimore, e do piriproxifeno foi registada como caracteres quantitativos do bicho-da-seda quando administrados topicamente com duas doses diferentes em dois instares larvares distintos. Entre todos, verificou-se que o Pinus estava ao mesmo nível que o Serimore em todos os caracteres económicos.

2. Avaliar a necessidade de folhas de amoreira para o desenvolvimento do bicho-da-seda de idade tardia

Mahmood, (1989) concluiu que as folhas mergulhadas numa solução de 0,2% de N produziam larvas com peso máximo em comparação com as outras doses.

Shafique, (1993) referiu que a matéria seca consumida pelo bicho-da-seda era diretamente proporcional ao teor de azoto das folhas.

Rehman, (1997) concluiu que as doses óptimas de minerais em várias combinações, quando utilizadas, melhoravam a produção de seda e o crescimento do bicho-da-seda em maior grau do que o controlo. Durante toda a vida larvar, o alimento médio foi convertido em matéria corporal e foi de 74,55%.

Mosallanejad *et al.* (2002) referiram que o enriquecimento de folhas de amoreira com vitamina E não teve um efeito significativo no consumo de alimentos pelas larvas do bicho-da-seda.

Rahmathullaet al. (2004) relataram que os parâmetros de crescimento larvar, qualidade do casulo e índices nutricionais foram significativamente mais elevados quando as larvas foram criadas sob temperatura e humidade óptimas, com uma quantidade de ração adequada, de acordo com as recomendações. No entanto, a maioria dos parâmetros de eficiência de conversão alimentar foram registados como mais elevados quando as larvas foram criadas a altas temperaturas e com 30% de quantidade de ração. A ingesta e a digesta necessárias para produzir um grama de casulo e casca também foram registadas como mais elevadas quando as larvas foram criadas sob várias condições de stress. Por conseguinte, recomenda-se uma temperatura e humidade ligeiramente mais baixas, para além de um melhor arejamento e uma quantidade suficiente de folhas de qualidade durante as últimas fases de desenvolvimento das larvas do bicho-da-seda

Nayak (2006) relatou que foi estudada a influência da ingestão oral de um antibiótico (Norfloxacin®) através da folha de amoreira em duas concentrações (50 e 100 ppm) nos parâmetros de eficiência de conversão alimentar de híbridos de bicho-da-seda, ou seja, bivoltina (CSR2 × CSR4) e cruzada (BL67 × CSR106). Os resultados indicaram que foi observada uma maior assimilação e conversão de alimentos no bicho-da-seda tratado com antibiótico.

Ogunbanwo e Okanlawon (2009) estudaram e investigaram a relação entre o ambiente e os genes e consideraram que a relação bidirecional entre a eficiência do consumo de alimentos e a expressão dos genes varia em função do contexto genético de um organismo e da unidade fisiológica ou nutricional expressa nos estudos de regulação dos genes.

Rahmathullaet al. (2011) relataram que a administração oral de ácido fólico aumentou a eficiência de assimilação e conversão dos bichos-da-seda e também aumentou os parâmetros de produtividade, como o peso do casulo e o peso da casca.

Ganesh *et al.* (2012) realizaram uma experiência para determinar a eficácia alimentar do bicho-da-seda *Bombyx mori* (larvas de quinto instar) alimentado com folhas de amoreira MR_2 *(Morus sinensis)* tratadas com diferentes concentrações (25%, 50%, 75% e 100%) de nanopartículas de prata. Os resultados mostraram que a eficácia alimentar das larvas (5.º instar) foi melhorada pelo grupo tratado com 25% de nanopartículas de prata do que pelo grupo de controlo e pelos outros grupos tratados (50%, 75% e 100%).

Rahmathulla e Suresh, (2012) referiram que, em diferentes condições ambientais, de alimentação e nutricionais, o bicho-da-seda apresentou diferenças significativas na sua capacidade de ingerir, digerir, absorver e converter em matéria corporal.

Balasundaram *et al.* (2013) realizaram uma experiência para determinar a eficácia alimentar e a taxa de crescimento do bicho-da-seda *Bombyx mori* (larvas de quinto instar) alimentadas com folhas de amoreira MR2 tratadas com diferentes concentrações de vitamina C (0,1%, 0,2%, 0,4% e 0,8%). Os resultados mostraram que a eficácia alimentar e a taxa de crescimento das larvas do bicho-da-seda (5.° instar) foram melhoradas pelo grupo tratado com 0,2% de vitamina C do que pelo grupo de controlo e pelos outros grupos tratados com vitamina C.

Santhy (2015) relatou que a manta, um análogo da hormona juvenil, aplicada em larvas do bicho-da-seda na concentração de 0,75) lg e l.O) lg, teve uma correlação positiva significativa com o consumo, a ejeção, a produção e o ECD.

Jadhav *et al.* (2016) referiram que a capacidade do bicho-da-seda para ingerir folha de amoreira, digerir, absorver, assimilar e converter essa folha em fibra de seda também difere de raça para raça.

Moustafa e Soliman (2019) estudaram o impacto dos agentes prebióticos na nutrição e na produção de seda do bicho-da-seda. Para explorar o efeito de *Helianthus tuberosus* L *(alcachofra de Jerusalém)* como fonte de inulina na atividade de algumas bactérias probióticas *(Lactobacillus rhamnosus (Hansen)* e *Bifidobacterium bifidum (Tisser)* que adicionaram às folhas de amoreira a 3% e 6% de concentração e ofereceram ao bicho-da-seda *Bombyx mori* L. Os resultados revelaram que a mistura de dois probióticos melhorou o desempenho das larvas, que registaram o valor mais elevado em termos de consumo de alimentos, assimilação e parâmetros nutricionais nos 4.° e 5.° instares e registaram os valores mais elevados em termos de parâmetros económicos do que o controlo.

Manu *et al.*(2020) referiram que o consumo de alimentos inclui a ingesta e a digesta, durante o 4.° instar o nível de ingesta foi significativamente mais elevado em comparação com a digesta em todos os lotes tratados com colesterol nos 4 dias, mas no 4.° dia a taxa de consumo de alimentos representa a taxa mais elevada de ingesta nos híbridos selecionados. Da mesma forma, a digestibilidade aproximada manteve-se entre 50 e 85% nos lotes tratados com colesterol, enquanto a eficiência de conversão dos alimentos ingeridos e a eficiência de conversão dos alimentos digeridos foram baixas, variando entre 5 e 38% nos híbridos de bicho-da-seda FC1XFC2 e FC4XFC3.

Mala e Vijila (2021) estudaram o efeito da fortificação da ração nos índices nutricionais do bicho-da-seda, *Bombyx mori* L. Neste estudo, alimentaram os bichos-da-seda com folhas de amoreira fortificadas com *Aloe vera* L (100%) e *Tinosporacardifolia (Thunb).* (2%). Os resultados revelaram que as folhas de amoreira fortificadas com *Aloe vera* (100%) registaram os parâmetros de índices nutricionais mais elevados, *nomeadamente,* ingesta (3,708g), digesta (1,369g), digestibilidade aproximada (36.920%), eficiência de conversão de ingesta em larva (23,350%), casulo (19,972%), casca (9,673%) e eficiência de conversão de digesta em larva (69,109%), casulo (59,085%), casca (28,518%), seguidos de *T. cordifolia* (2%) em comparação com o controlo não tratado.

Sharma *et al.* (2022) realizaram um estudo para conhecer o efeito da criação de zangões e da fortificação com protinex nos índices de alimentação do bicho-da-seda, *Bombyx moriL.* Os resultados mostraram que o protinex (10%) causou os efeitos positivos mais significativos na ingesta (45,17 g), na digesta (31,57 g), na digestibilidade aproximada (69,89%), na eficiência de conversão da ingesta (34,00%) e da digesta (48,65%) em larva, quando comparado com outros tratamentos e com o controlo.

3. Estudar o estado nutricional dos seri-resíduos

Shetty *et al.* (1978) verificaram que as camas do bicho-da-seda podem ser utilizadas para a produção de biogás, sendo a fermentação bastante rápida.

Hanumappa e Prabhakar (1985) realizaram um estudo sobre a criação do bicho-da-seda e referiram que os principais subprodutos deste processo são as folhas de amoreira não alimentadas e as fezes, coletivamente conhecidas como cama do bicho-da-seda. Salientaram o potencial desta cama como um excelente adubo orgânico. Os investigadores quantificaram a quantidade de folhada do bicho-da-seda e descobriram que aproximadamente 45% do total de folhas fornecidas aos bichos-da-seda são desperdiçadas sob a forma de folhas e rebentos não alimentados. Observou-se que os bichos-da-seda consomem apenas 40% das folhas colocadas nos tabuleiros, das quais cerca de 55% são digeridas, enquanto a parte restante é excretada sob a forma de fezes do bicho-da-seda. Com base nos seus cálculos, estimou-se que, em condições de irrigação, podem ser obtidos 2.416 kg de cama por hectare através da criação do bicho-da-seda, enquanto que, em condições de sequeiro, se espera que o rendimento seja de cerca de 440 kg por hectare.

Mishra e Dash (1992) descobriram que a cama seca de larvas do bicho-da-seda contém 8,08 por cento de humidade, proteína bruta (14,78 %), gordura bruta (2,14 %), fibra bruta (19,70 %).

Sharma e Madan (1992) concluíram que os materiais remanescentes da criação do bicho-da-seda incluem folhas de amoreira, galhos e excrementos do bicho-da-seda que podem dar um bom apoio à comunidade agrícola através da sua reciclagem em adubo orgânico de alta qualidade e biogás.

Somanna e Reddy (1996) constataram que, devido ao seu elevado teor orgânico, os excrementos do bicho-da-seda *[Bombyx moriL.* \ ] podem ser utilizados como estrume e como alimento para aves de capoeira e peixes. Sendo ricos em azoto, podem também ser misturados com biomassa para uma produção máxima de biogás e para o cultivo de cogumelos.

Das *et al.* (1997) referiram que os resíduos agrícolas da sericultura, constituídos por camas de bichos-da-seda, folhas sobrantes, galhos moles e ervas daninhas de um hectare, podem gerar anualmente uma quantidade aproximada de 12-15 milhões de toneladas de resíduos. Estes resíduos têm um enorme valor de gestão em termos de azoto (280-300 kg), fósforo (90-100 kg) e potássio (150-200 kg), bem como de micronutrientes como o ferro, o zinco, o cobre, etc.

Bhogeshaet al. (1997) investigaram que a cama das larvas do bicho-da-seda contém 3,47% de azoto, 0,03% de fósforo e 1,50% de potássio. A aplicação de estrume compostado produzido a partir de resíduos da sericultura, incluindo a cama do bicho-da-seda, é altamente benéfica para a cultura da amoreira e é muito mais eficaz do que a utilização convencional de estrume de quintal.

Yashoda *et al.* (2001) estudaram e descobriram que o composto de resíduos de soro contém aproximadamente 2,00-2,24% de N, 0,93-1,00% de P e 1,5-1,8% de K, para além de Zn, Fe, Mn e Cu como micronutrientes.

Venugopal *et al.* (2010) descobriram que os resíduos servem como adubo orgânico, o que pode reduzir substancialmente as despesas com fertilizantes químicos e ajuda a melhorar a saúde do solo e a disponibilidade de nutrientes para as plantas de amoreira, levando à melhoria da qualidade das folhas.

Heenkenda e Parama (2010) investigaram quatro misturas diferentes de sericomposto preparadas com resíduos de pupas de bicho-da-seda e avaliaram a mineralização do N do solo, o teor de nutrientes das plantas, a absorção de nutrientes e a produção de feijão francês. A libertação de NH4+-N no solo aumentou rapidamente até 28 dias após a incubação (DAI) e, a partir daí, diminuiu. Aos 0-28 dias após a incubação, o maior aumento de NH4+-N foi registado no tratamento 8 (T8), que continha 50% de N FTR (dose recomendada de fertilizante) + 50% de N sericomposto 3 (C3) preparado com resíduos de pupas de bicho-da-seda e 10% de estrume de vaca (5,6 a 92,2 mg kg-1). O menor aumento foi no tratamento 5 (T5) em que 100% do N foi fornecido através do sericomposto 4 (C4) preparado com resíduos de pupas do bicho-da-seda com 10% de chorume de estrume de vaca, 5% de fosfato de rocha e inoculante microbiano (14 a 28 mg kg-1). Aos 0-21 dias após a incubação, o maior aumento na libertação de NO3--N foi registado no tratamento 2 (T2); 100% N através de sericomposto 1 (C1) preparado com resíduos de pupas do bicho-da-seda e estrume de quintal (16,8 a 112 mg kg-1) e o menor no tratamento 4 (T4); 100% N através de sericomposto 3 (C3)(50,4 a 92 mg kg-1). A libertação de NO3--N no solo aumentou rapidamente até aos 21 DAI e depois diminuiu.

Shanmugam e Ramamurthi (2014) realizaram experiências de campo durante dois anos, 11 tratamentos incluindo controlo absoluto com 3 repetições para determinar o efeito dos resíduos de criação do bicho-da-seda no crescimento e rendimento das plantas de amoreira e no crescimento e caraterísticas económicas do bicho-da-seda. Apenas os excrementos do bicho-da-seda, 400 g por planta, registaram o rebento mais longo, o maior número de ramos, o maior número de folhas, o maior peso de 100 folhas e o maior rendimento foliar. Os excrementos do bicho-da-seda, apenas 400 g por planta, tiveram uma influência significativa e positiva nos parâmetros das larvas e dos casulos, que registaram os valores mais elevados de peso das larvas, peso de um único casulo, rácio de casca, comprimento do filamento de um único casulo e denier.

Entre os três resíduos experimentados, os excrementos do bicho-da-seda (SE) apresentaram uma percentagem mais elevada de N: 2,05%, P: 0,60%, K: 2,20%, cálcio: 1,66, magnésio: 0,71% e enxofre: 0,29%, quando comparados com os resíduos de folhas e rebentos de amoreira. A utilização efectiva do composto de resíduos de serradura foi considerada uma boa fonte de adubo orgânico, além disso, a aplicação de excrementos de bicho-da-seda isolados a 400 g por planta é a melhor dosagem para a amoreira.

Kalaiyarasan *et al.* (2015) referiram que a investigação no domínio da agricultura se desenvolveu muito rapidamente durante o núcleo desta década de revolução tecnológica. Muitas dessas mudanças compostas deram origem a novas tecnologias inovadoras, como a reciclagem dos resíduos que são deixados no campo agrícola e nas indústrias de base agrícola. Esta reciclagem de resíduos contribuiria para que a agricultura mantivesse a fertilidade do solo e reduzisse o custo dos factores de produção. A nova tendência é a utilização do composto como resíduo de sericicultura. Para além da produção de seda, a indústria da sericultura também produz uma grande quantidade de resíduos que não são utilizados no nosso país. Estes resíduos orgânicos podem ser utilizados de forma rentável para compostagem, o que tem um grande potencial de mercado, bem como um possível impacto na fertilidade da terra de cultivo. Assim, este documento fornece uma visão geral dos Seriwaste e das suas vantagens.

Buhrooet al. (2018) verificaram que os excrementos do bicho-da-seda contêm: 7,35% de água, 13,88% de proteína bruta, 1,44% de gorduras brutas, 15,41% de celulose bruta, 47,15% de substâncias sem azoto; podem ser utilizados como fertilizante orgânico, como fonte de clorofila (por extração alcoólica) ou como medicamento para doenças cardíacas na medicina tradicional chinesa. A cama do bicho-da-seda é utilizada como adubo para as plantas ornamentais nos jardins do Japão. O resíduo da criação do bicho-da-seda, composto por restos de amoreira vegetal e excrementos, pode ser utilizado como fertilizante orgânico (como composto) ou na produção de biogás ou forragem para animais durante o inverno. Este método foi largamente utilizado no Japão para alimentar ovelhas, cabras e gado.

Bharathi (2019) concluiu que a sericultura envolve uma grande escala de tecnologias interdependentes a partir das quais serão desenvolvidos subprodutos úteis. Através dos subprodutos e dos resíduos da sericultura, são utilizados nas indústrias farmacêutica, cosmética, do papel, agrícola e alimentar. Para além da produção de seda, a indústria pode produzir uma série de subprodutos a partir da amoreira e do bicho-da-seda. A conversão dos resíduos da sericultura em composto de vermes rico em nutrientes, através da utilização de minhocas que podem ser recicladas em adubo orgânico, é eficaz para a fertilidade do solo e a produção de culturas. O artesanato é preparado utilizando os resíduos de casulos e seda com valor comercial e também utilizado em várias ocasiões. Os resíduos e os subprodutos da amoreira e da sericultura aumentam o lucro e a sustentabilidade dos sericultores e da indústria na Índia. A cama do bicho-da-seda é utilizada como alimento para o gado e os excrementos para a produção de biogás e também como adubo orgânico.

CAPÍTULO 3: MATERIAL E MÉTODOS

A investigação foi realizada para conhecer o "efeito dos reguladores de crescimento no crescimento e nas caraterísticas económicas do bicho-da-seda bivoltino *Bombyx mori L."* A experiência foi realizada na Unidade de Investigação em Sericultura, VNMKV, Parbhani, durante o mês de julho-agosto de 2022. Os métodos envolvidos e os materiais utilizados são descritos abaixo.

3.1 Sítio experimental

A experiência foi efectuada em instalações de criação na Unidade de Investigação em Sericultura, Vasantrao Naik Marathwada Krishi Vidyapeeth, Parbhani. (Placa 3.1).

3.2Concepção

A experiência foi conduzida num esquema completamente aleatório com dez tratamentos e quatro repetições. Cada réplica é constituída por 100 bichos-da-seda.

3.3 Materiais

No presente estudo, as posturas livres de doenças do bicho-da-seda bivoltino da amoreira *(Bombyx mori L.)*, raça FC1xFC2, foram alimentadas com folhas de amoreira da variedade Victory-1. Os reguladores de crescimento foram disponibilizados por diferentes regiões produtoras de seda do país (placa II). Os pormenores relativos ao material utilizado e à técnica adoptada são descritos na rubrica adequada.

3.3.1 Estoque de sementes

Os ovos do bicho-da-seda foram adquiridos na CSR & TI, Mysore. A experiência foi efectuada para estudar o efeito dos reguladores de crescimento no bicho-da-seda.

3.2 Equipamentos

Os equipamentos utilizados durante a criação de híbridos de bicho-da-seda são os seguintes

1) Tabuleiro de recolha

Trata-se de tabuleiros portáteis com dimensões de 18" × 15" × 13", utilizados principalmente para manter as larvas do bicho-da-seda durante o programa de criação.

2) Suporte de rearing

Trata-se de uma estrutura de madeira de 6' x 5'x 2'na qual foram colocados tabuleiros de criação.

3) Tábua de cortar

Era feito de madeira macia de tamanho 36,6" x 36,6" com espessura de 3,0" e utilizado para cortar as folhas de amoreira durante a criação de chowki.

4) Faca de corte

Foi utilizada uma faca de lâmina de ferro com cabo de madeira de 1,5' x 2,5' para cortar as folhas de amoreira.

5) Varas de bambu

Estas eram varas de bambu pontiagudas com cerca de 8 cm de comprimento, de diâmetro fino e afuniladas numa das extremidades. Eram utilizadas para dar espaço e apanhar as larvas jovens.

6) Escova de penas ou de pelo de camelo

As penas brancas de aves, limpas e desinfectadas, foram utilizadas para escovar os vermes recém-eclodidos, limpar as camas para as larvas de instar I^{st}e IInd e dar espaço na criação de chawki até à II^{nd}muda.

7) Limpeza das redes

A rede de fio de algodão e as redes de nylon foram utilizadas para limpar as camas em diferentes fases de desenvolvimento do bicho-da-seda.

8) Montagem de plástico ou chandrika

Estas foram preparadas a partir de uma rede de plástico dobrável chamada chandrika, utilizada para manter as minhocas maduras para a fiação dos casulos.

9) Papéis de parafina e almofada de espuma

Eram utilizadas para manter a humidade necessária nas camas de criação. Hoje em dia, devido ao risco de contaminação por doenças, as almofadas de espuma foram substituídas por jornal húmido.

10) Higrómetro

É utilizado para medir a humidade no recinto de criação e é expresso em percentagem.

11) Termómetro

Utiliza-se para medir a temperatura no local de criação. É expressa em graus centígrados.

12) Termo-higrómetro eletrónico

O termo-higrómetro era utilizado para verificar e controlar a humidade relativa, a pressão barométrica ou a temperatura. Não é apenas para uso privado, mas também nos sectores industrial e científico.

3.4 Técnica de criação

A nova tecnologia de criação do bicho-da-seda adoptada no presente estudo foi descrita por Krishnaswamy (1978). A criação de híbridos de bicho-da-seda foi efectuada em com a utilização de uma plantação de amoreira já estabelecida da variedade V-1 na Unidade de Investigação em Sericultura, VNMKV, Parbhani.

O local de criação e os aparelhos de criação foram desinfectados com uma solução Sanitech (ClO2) (500 ppm de ClO_2+ 0,5 % de cal apagada) para os libertar de agentes patogénicos antes da criação. As folhas de papel das posturas livres de doenças (dfls) dos híbridos de bicho-da-seda foram obtidas nos laboratórios de reprodução multivoltina e bivoltina do Central Sericultural Research and Training Institute, Mysore, e incubadas a 25 + 1 °C e 75 +5 por cento de humidade relativa. As placas de ovos foram colocadas numa única camada em tabuleiros de criação e cobertas com papel parafinado. Foram mantidos jornais húmidos à volta das placas de ovos para garantir a humidade necessária para a incubação. Os tabuleiros com as placas de ovos foram armazenados num local fresco do recinto de criação. Quando atingiram a fase de crescimento dos ovos azuis, as placas de ovos foram colocadas num tabuleiro de incubação de plástico e cobertas com um pedaço de pano preto, designado por caixa preta, e deixadas em repouso durante 48 horas para um crescimento uniforme do embrião, após o que os ovos foram expostos a uma luz brilhante durante uma hora para uma eclosão uniforme.

As minhocas recém-eclodidas foram alimentadas com pedaços picados de folhas frescas e tenras de amoreira da variedade V-1. As folhas foram cortadas em pequenos pedaços de 0,5 cm2 x 1,5 cm2 e espalhadas sobre as minhocas recém-eclodidas, que rastejaram sobre as folhas e começaram a alimentar-se das bordas cortadas. O tamanho das folhas cortadas foi regulado de acordo com a condição e o tamanho dos vermes. A alimentação foi dada quatro vezes por dia. O horário da alimentação foi fixado em 7 horas, 11 horas, 16 horas e 20 horas por dia. A limpeza dos tabuleiros era efectuada uma vez por dia, provavelmente de manhã. O bicho-da-seda muda de penas quatro vezes durante a sua fase de crescimento larvar (cinco instares). Durante o período de muda, os bichos não receberam qualquer alimento e não foram perturbados quando os bichos mostravam sinais de muda. Depois da muda, os vermes foram desinfectados com desinfetante (pó de Vijetha) para evitar a infeção por agentes patogénicos. A quantidade de alimento aumentou durante a fase do quarto e quinto instar porque as minhocas comem vorazmente durante este instar.

Após o desenvolvimento completo, as larvas maduras foram identificadas quando tinham um aspeto translúcido com uma cor cremosa, deixavam de comer e rastejavam para a periferia dos tabuleiros e tentavam fiar o casulo. As larvas fiam os casulos num prazo de 48 a 72 horas. A pupa permanece no interior do casulo até à emergência. A colheita dos casulos foi efectuada no quinto dia após a libertação das larvas das montagens. Os métodos envolvidos e os materiais utilizados são descritos a seguir.

A. Pormenores experimentais :

Design	Completely randomized design
Treatments	10
Replication	4
Mulberry Variety	V-1

Detalhes do tratamento :

Treatment 1	Application of serimore at the rate of 1.5ml/l of water
Treatment 2	Application of serimore at the rate of 2.5ml/l of water
Treatment 3	Application of serimore at the rate of 3.5ml/l of water
Treatment 4	Application of sampoorna at the rate of 2.5ml/l of water
Treatment 5	Application of sampoorna at the rate of 5ml/l of water
Treatment 6	Application of sampoorna at the rate of 7.5ml/l of water
Treatment 7	Application of folic acid at the rate of 100ppm
Treatment 8	Application of folic acid at the rate of 150ppm
Treatment 9	Application of folic acid at the rate of 200ppm
Treatment 10	control.

A experiência foi conduzida com reguladores de crescimento de insectos serimore e sampoorna que são aplicados topicamente em 48hrs, 72hrs, 96hrs e 120hrs de larvas de quinto instar à taxa de 12,50ml/pés quadrados nas concentrações requeridas. e as folhas tratadas com ácido fólico são alimentadas às larvas de 5th instar até à maturação das larvas.

Administração tópica de Serimore: O Serimore é um promotor de crescimento sintético mais comummente utilizado para a melhoria substancial do crescimento larvar e das caraterísticas quantitativas e qualitativas do bicho-da-seda, adquirido à Sericare, Division of Health Care Private Limited, KHB Industrial Area, Yelahanka New town, Bengaluru-06. O Serimore foi administrado durante o quinto instar, a intervalos de 48h, 72h, 96h e 120h, nas concentrações acima mencionadas, dissolvendo-se o Serimore em água potável e pulverizando o bicho-da-seda saudável. Os lotes de controlo foram mantidos para comparar os resultados obtidos. A mistura de serimore foi então aplicada topicamente a diferentes lotes de bicho-da-seda de quinto instar nos intervalos de tempo acima mencionados. As larvas do bicho-da-seda foram deixadas na cama durante 30 minutos e depois alimentadas com folhas frescas de amoreira. Foi mantido um controlo sem tratamento em paralelo para comparar os resultados. Cada tratamento foi repetido 4 vezes, com 100 larvas saudáveis do bicho-da-seda por repetição.

Processo de administração de Phytoecdysosteroidsampoorna:

O fitoecdisteróide (PE) sampoorna foi diluído até à concentração necessária e administrado aos bichos-da-seda juntamente com folhas de amoreira em diferentes durações, ou seja, no 2.°dia (48 horas), 3.°dia (72 horas), 4.° dia (96 horas) e 5.° dia (120 horas). Foi mantido um controlo absoluto no qual apenas foi utilizada água destilada lado a lado para avaliar o desempenho do fitoecdisteróide em diferentes períodos.

Aplicação de ácido fólico:

A vitamina, ácido fólico (folvite) foi adquirida da Pfizer limited, Verna, Goa e foi dissolvida em água para obter a concentração de 100 ppm, 150 ppm e 200 ppm. Folhas frescas de amoreira foram pulverizadas ou embebidas em solução durante 15 minutos em cada concentração e depois alimentadas com o instar V th de diferentes durações: 2 nd dia (48h), 3 rd dia (72h), 4 th dia (96h) e 5 th dia (120h) até à maturidade. Um dos quatro alimentos normais por dia foi substituído pelas folhas tratadas com vitaminas. Os controlos foram alimentados com as folhas normais.

3.5 Métodos de registo da observação:

Foram registadas observações sobre os seguintes parâmetros em dez larvas / casulos de híbridos de bicho-da-seda selecionados aleatoriamente de cada repetição de cada tratamento.

3.5.1 Percentagem de eclosão (%):

O número médio de larvas eclodidas do total de ovos postos pela traça fêmea por híbrido foi registado e expresso em percentagem.

$$\text{Hatching (\%)} = \frac{\text{No. of hatched eggs}}{\text{Total no. of eggs}} \times 100$$

3.5.2 Duração das larvas (dias)

O período larvar total é medido através do registo do período desde a eclosão até ao início da fiação.

3.5.3 Peso das larvas (g)

O peso máximo das larvas foi registado medindo o peso das larvas maduras imediatamente antes do início da centrifugação.

3.5.4 Peso do casulo único (g)

O peso do casulo foi registado no sexto dia de fiação. A média de 10 casulos foi considerada como peso de casulo único.

$$\text{Single cocoon weight (g)} = \frac{\text{Weight of 10 Cocoons}}{10}$$

3.5.5 Peso do casco simples (g)

O casulo foi cortado numa das extremidades e o peso da casca foi registado após a remoção das pupas.

$$\text{Single shell weight (g)} = \frac{\text{Weight of 10 shell}}{10}$$

3.5.6 Rácio de casca de casulo (%)

$$\text{Shell Ratio (\%)} = \frac{\text{Single shell weight}}{\text{Single cocoon weight}} \times 100$$

3.5.7 Rendimento de casulos / 10.000 larvas escovadas por peso (kg)

Este parâmetro foi registado como o peso médio dos casulos colhidos (kg) em relação ao peso das larvas retidas após a terceira muda em cada repetição e convertido para 10.000 larvas através das seguintes fórmulas:

$$\text{Cocoon yield (Kg)} = \frac{\text{Cocoon yield in kg}}{\text{No. of cocoons retained after } 3^{rd}\text{moult}} \times 10000$$

3.5.8 Comprimento do filamento do casulo (m)

O comprimento do filamento do casulo foi medido enrolando 10 casulos em quatro repetições com a ajuda de uma epproveta.

3.5.9 Peso do filamento do casulo (g)

O peso do filamento do casulo foi medido enrolando 10 casulos em quatro repetições com a ajuda de uma balança eletrónica.

3.5.10 Negador

É o termo utilizado para designar a espessura do filamento de seda e expresso em termos de relação entre o peso do filamento e o comprimento do filamento multiplicado por 9000.

$$\text{Denier} = \frac{\text{Filament weight (g)}}{\text{Filament length (m)}} \times 9000$$

3.5.11 Duração da pupa (dias)

O período total de pupas foi medido através do registo do período desde a fiação até à emergência da traça.

3.6 Método para avaliar a necessidade de folhas de amoreira para o desenvolvimento do bicho-da-seda de idade tardia

A folha de amoreira foi pesada sempre que se alimentavam as larvas desde o quarto instar até à conclusão da duração da larva do 5º instar.

O estudo da utilização de alimentos foi confinado apenas às larvas dos instares

IV e V, uma vez que 80-85% do total de folhas são consumidas nestes instares. Após o consumo das larvas de IV instar do bicho-da-seda, foram separadas três réplicas de cada lote de híbridos duplos e mantidas a uma temperatura normal de 28-30 °Cand 80% de humidade, tendo sido fornecidas quantidades conhecidas de folhas de amoreira ao bicho-da-seda três vezes por dia, tendo o maior cuidado em manter o teor de humidade das folhas o mais possível. As larvas não saudáveis e as larvas mortas foram removidas. A cama foi recolhida cuidadosamente nos dias seguintes à alimentação. Os excrementos e os restos de folhas na cama foram separados e recolhidos manualmente. A observação do peso seco das folhas que sobraram e dos excrementos foi registada para todas as réplicas de cada tratamento: Ingestão total do peso seco (g) das folhas de amoreira pelas larvas do bicho-da-seda durante o 4° e 5° estádios insulares até à fase de fiação ou de maturação: (Peso seco da folha alimentada - Peso seco da folha que sobrou).

3.6 Estudar o estado nutricional dos resíduos séricos

No âmbito da experiência, os resíduos sólidos produzidos, *nomeadamente* as camas dos bichos-da-seda, foram recolhidos separadamente, de acordo com o tratamento. As camas dos resíduos de criação foram recolhidas e colocadas em um poço de tamanho conveniente com 1 m de profundidade. A camada fina de estrume de gado e água foi espalhada no fosso regularmente após cada recolha de uma camada compactada de resíduos com um pé de espessura. Quando a fossa estava cheia, também era rebocada com uma camada de lama e estrume de gado. A fossa era protegida da chuva e da luz direta do sol através de uma cobertura de colmo. Uma vez que o processo de decomposição demora normalmente cerca de 4-5 meses, a fossa foi deixada intacta e aberta apenas após 5 meses. A decomposição de resíduos orgânicos é um processo complexo que envolve várias actividades bioquímicas de microrganismos, especialmente *Bacillus, Trichoderma, Aspergillus, Belaromyces,* etc. A análise do composto foi efectuada em laboratório.

CAPÍTULO 4: RESULTADOS E DISCUSSÃO

A experiência foi realizada durante julho-agosto de 2022, para estudar o efeito dos reguladores de crescimento na biologia e nas caraterísticas económicas do bicho-da-seda bivoltino *(Bombyx moriL.)*. Os resultados experimentais obtidos na presente investigação são apresentados neste capítulo sob o seguinte título.

4.1.1. Efeito dos reguladores de crescimento na duração do quinto instarlarval do bicho-da-seda bivoltino *(B. mori* L.) (dias).

Os dados sobre o efeito dos reguladores de crescimento na duração das larvas de quinto instar (dias) do bicho-da-seda bivoltino *(B.mori* L.) apresentados no Quadro 4.1 e na Fig. 4.1 revelaram que a duração mais curta das larvas de quinto instar (5,678 dias, 6,595 dias) foi registada pelo tratamento com Sampoorna à taxa de 7,5 ml por litro às 72 e 96 horas de tratamento e às 48 e 120 horas de tratamento a duração mais curta das larvas foi registada (7,113 dias) pelo controlo.

A duração mais longa das larvas de 5º instar (8,77, 7,837, 7,96, 8,795 dias) foi registada pelo tratamento com Serimore à taxa de 3,5 ml por litro de água. No entanto, no tratamento de 96 horas, foi igual ao tratamento de Serimore a 1,5 e 2,5 ml/l de água (7,92 e 7,933 dias). A literatura relativa ao efeito de Serimore na duração das larvas do bicho-da-seda bivoltino era escassa. No entanto, vários cientistas relataram que o uso de reguladores de crescimento aumentou o período larval do bicho-da-seda (Trivedy *et al.*, 1997).Chandrakal *et al.* (2001) relataram que a administração de fitoecdisteróides durante o quinto instar do bicho-da-seda, *Bombyx mori*, particularmente na fase de fiação da amostra, produziu os resultados mais benéficos. Este tratamento conduziu a várias vantagens, incluindo a indução de fiação uniforme, a redução dos períodos larvares e de muda, e o aumento da uniformidade no processo de montagem, Nair *et al.* (2005)

Tabela 4.1: Efeito dos reguladores de crescimento na duração média das larvas de 5º instar (dias) do bicho-da-seda bivoltino *(Bombyx mori* L.)

Treatment No.	Treatment details	Treatment timing in 5th instar			
		48 hrs	72 hrs	96hrs	120 hrs
T1	Serimore 1.5 ml/l of water	8.162	7.249	7.92	8.162
T2	Serimore 2.5 ml/l of water	8.147	7.264	7.933	8.147
T3	Serimore 3.5 ml/l of water	8.77	7.837	7.96	8.795
T4	Sampoorna 2.5 ml/l of water	7.143	7.12	6.427	7.19
T5	Sampoorna 5.0 ml/l of water	7.354	7.16	5.937	7.156
T6	Sampoorna 7.5 ml/l of water	7.12	6.595	5.678	7.118
T7	Folic acid 100 ppm	7.705	7.632	7.632	7.632
T8	Folic acid 150 ppm	7.322	7.322	7.311	7.322
T9	Folic acid 200 ppm	7.331	7.356	7.356	7.356
T10	Control	7.113	7.113	7.113	7.113
SE±		**0.062**	**0.075**	**0.11**	**0.11**
CD at5%		**0.127**	**0.154**	**0.225**	**0.225**
CV		**1.149**	**1.466**	**2.178**	**2.041**

investigaram a resposta variável do bicho-da-seda, *Bombyx mori* L., ao fitoecdisteróide, dependendo do momento da administração. Os investigadores descobriram que quando as larvas foram tratadas com Phytoecdysteroid às 72 horas, houve efeitos adversos nas caraterísticas económicas do bicho-da-seda. No entanto, observaram uma redução significativa na duração das larvas como resultado do tratamento.

Os resultados acima referidos estão de acordo com as conclusões dos trabalhadores acima referidos

4.1.2 Efeito dos reguladores de crescimento no peso larvar do bicho-da-seda bivoltino

(Bombyx mori **L.)** (g).

Os dados sobre o efeito dos reguladores de crescimento no peso (g) das larvas de 5° instar do bicho-da-seda bivoltino *(B. mori* L.) são apresentados no Quadro 4.2, na Fig. 4.2 e na Placa n.º 4.1.

Os dados (Quadro 2) revelaram que o peso larvar de 5° instar (g) significativamente mais elevado foi registado pelo tratamento com Serimore à taxa de 3,5 ml por litro de água (54,41g, 54,63g, 54,17g e 51,75g) às 48h, 72h, 96h e 120h. No entanto, foi igual à taxa de 2,5 ml por litro de água (53,36g e 52,88g) e ácido fólico 200 ppm (52,93g e 52,93g) às 48h e 72h, respetivamente.

Tabela 4.2: Efeito dos reguladores de crescimento no peso médio das larvas do bicho-da-seda bivoltino *(B. mori* L.) (g).

Treatment No.	Treatment details	Treatment timing in 5th instar			
		48 hrs	**72 hrs**	**96hrs**	**120 hrs**
T1	Serimore 1.5 ml/l of water	51.475	51.64	50.585	48.95
T2	Serimore 2.5 ml/l of water	53.365	52.8825	52.065	50.25
T3	Serimore 3.5 ml/l of water	54.4175	54.6375	54.175	51.75
T4	Sampoorna 2.5 ml/l of water	47.3975	47.4825	47.72	48.1075
T5	Sampoorna 5.0 ml/l of water	47.245	47.275	47.69	48.22
T6	Sampoorna 7.5 ml/l of water	45.135	44.47	47.5225	48
T7	Folic acid 100 ppm	48.02	47.855	48.1025	48.0625
T8	Folic acid 150 ppm	51.44	51.22	49.8875	49.8875
T9	Folic acid 200 ppm	52.9375	52.9375	51.8	48.4925
T10	Control	47.9925	47.9925	47.9925	47.9925
SE±		**0.629356**	**0.665079**	**0.49437**	**0.483242**
CD at5%		**1.817712**	**1.920887**	**1.42784**	**1.395705**
CV		**2.520323**	**2.668896**	**1.98725**	**1.973576**

O peso larvar mais baixo do 5° instar (g) foi registado (45,13g, 44,47g e 47,52g) na Sampoorna 7,5 ml/l de água às 48h, 72h e 96h. No entanto, às 48h estava ao mesmo nível que a Sampoorna 5ml/l de água (47,25g) e às 96h estava ao mesmo nível que todos os outros tratamentos de sampoorna e controlo (47,99g). Às 120h, o peso mais baixo das larvas de 5º instar (g) foi registado pelo controlo, que estava ao mesmo nível de todos os outros tratamentos, exceto o Serimore à taxa de 2,5 ml e 3,5 ml por litro de água (50,25 e 51,75g).

Nair *et al.*, (2004) relataram que há um aumento significativo no peso larval do bicho-da-seda com o uso de juvenóides. Plantevin *et* al.,(1991) também referiram que as larvas tratadas com reguladores de crescimento eram mais pesadas do que as larvas do bicho-da-seda não tratadas. Rai *et al.* (2002) investigaram os efeitos da administração de ácido fólico a larvas do quinto instar do bicho-da-seda. Verificaram que o peso das larvas aumentou e a duração diminuiu em todos os grupos de tratamento em comparação com o controlo. Os resultados do presente estudo estão de acordo com os dos cientistas acima referidos.

4.1.3. Efeito dos reguladores de crescimento na duração da pupa do bicho-da-seda bivoltino *(Bombyx moriL.)* (dias).

Os dados sobre o efeito dos reguladores de crescimento na duração da pupa (dias) do bicho-da-seda bivoltino *(Bombyx moriL.}* são apresentados no Quadro 4.3 e na Fig. 4.3. Os dados (Quadro 4.3) revelam que a duração da pupa é mais curta (11 e 10,75 dias) no tratamento com Sampoorna7,5 ml/l de água às 96h e 120h, o que é igual ao controlo (11,25 dias) e às 48h e 72h foi observada a duração mais curta da pupa (11,25 e 11,25 dias) no controlo.

A duração da pupa significativamente mais longa (15,25, 15,5, 15,75 e 15,75 dias) foi registada aos períodos de tratamento de 48h, 72h, 96h e 120h no 5.º instar com Serimore à taxa de 3,5 ml por litro de água. No entanto, às 120 horas de tratamento no 5º instar, observou-se uma duração significativamente mais longa das pupas (15,75) com o tratamento de Serimore à taxa de 1,5 ml/l de água e 25 ml/l de água.

A literatura sobre o efeito dos reguladores de crescimento na duração da pupa do bicho-da-seda é escassa, pelo que os resultados não puderam ser discutidos.

Tabela 4.3: Efeito dos reguladores de crescimento na duração média das pupas (dias) do bicho-da-seda bivoltino *(Bombyxmori* L.)

Treatment No.	Treatment details	Treatment timing in 5th instar			
		48 hrs	72 hrs	96hrs	120 hrs
T1	Serimore 1.5 ml/l of water	13.5	13.75	12.75	15.75
T2	Serimore 2.5 ml/l of water	13.75	14.75	14.5	14
T3	Serimore 3.5 ml/l of water	15.25	15.5	15.75	15.75
T4	Sampoorna 2.5 ml/l of water	12.25	12	12.25	11.25
T5	Sampoorna 5.0 ml/l of water	12.25	13	13	11.25
T6	Sampoorna 7.5 ml/l of water	12.25	12	11	10.75
T7	Folic acid 100 ppm	12.25	12.75	12.5	13
T8	Folic acid 150 ppm	13.5	12.75	13.75	12.75
T9	Folic acid 200 ppm	12.75	13.75	13.75	13.5
T10	Control	11.25	11.25	11.25	11.25
SE±		0.316228	0.25	0.29580	0.262202
CD at5%		0.913332	0.722052	0.85434	0.757295
CV		4.902756	3.802281	4.53339	4.057288

4.1.4. Efeito dos reguladores de crescimento no peso de um único casulo de bivoltinesilkworm *(B.mori* L.) (g).

Os dados sobre o efeito dos reguladores de crescimento no peso de um único casulo (g) do bicho-da-seda bivoltino *(B. mori* L.) são apresentados na Tabela 4.4, na Fig.4.4 e na Placa No.4.2.

Os dados (Quadro 4) revelaram que, às 48 horas, o peso significativamente mais elevado de um casulo (g) (2,089) foi registado pelo tratamento com ácido fólico a 200 ppm, que foi igual ao tratamento com Serimore à taxa de 3,5 mlperlitro de água e o peso mais baixo de um casulo foi registado (1,687) no tratamento com Sampoorna7,5 ml/l de água, que foi igual ao tratamento com Sampoorna5 ml/l de água.

Tabela 4.4: Efeito dos reguladores de crescimento no peso médio de um único casulo (g) do bicho-da-seda bivoltino *(Bombyx mori* L.)

Treatment No.	Treatment details	Treatment timing in 5th instar			
		48 hrs	72 hrs	96hrs	120 hrs
T1	Serimore 1.5 ml/l of water	1.765	1.793	1.924	1.939
T2	Serimore 2.5 ml/l of water	1.837	2.036	1.821	2.086
T3	Serimore 3.5 ml/l of water	2.048	2.014	2.054	2.068
T4	Sampoorna 2.5 ml/l of water	1.717	1.757	1.755	1.813
T5	Sampoorna 5.0 ml/l of water	1.74	1.758	1.73	2.074
T6	Sampoorna 7.5 ml/l of water	1.687	1.788	1.97	2.033
T7	Folic acid 100 ppm	1.847	1.793	1.835	1.793
T8	Folic acid 150 ppm	1.956	1.826	1.82	1.789
T9	Folic acid 200 ppm	2.089	1.972	1.989	1.723
T10	Control	1.769	1.769	1.769	1.769
SE±		**0.015**	**0.019**	**0.01**	**0.041**
CD at5%		**0.043**	**0.056**	**0.028**	**0.119**
CV		**1.594**	**2.069**	**1.048**	**4.285**

No tratamento de 72h no 5° instar, o peso de casulo único (g) significativamente mais alto (2,036) foi registado na Serimore à taxa de 2,5 ml por litro de água, que estava a par com a Serimore à taxa de 3,5 ml por litro de água. O peso mais baixo de um único casulo foi registado (1,687g) em Sampoorna2,5 ml/l de água, o que foi igual ao de outros tratamentos Sampoorn (1,758g,1,788g), ácido fólico 100ppm (1,793g) e controlo (1,769g).

Aos 96 dias de tratamento, o peso de casulo único (g) significativamente mais elevado (2,054) foi registado no tratamento de Serimore à taxa de 3,5 ml por litro de água e o peso de casulo único mais baixo foi registado (1,73g) em Sampoorna5ml/l de água, que foi igual a Sampoorna2,5 ml/l de água.

A 120 horas de tratamento, o peso de casulo único (g) significativamente mais elevado (2,086g) foi registado no tratamento de Serimore à taxa de 2,5 ml por litro de água, que estava a par com Serimore 3,5 ml/l de água (2,068g), Sampoorna5,0ml/l de água (2.074g),Sampoorna7.5 ml/l de água(2.033g) e o peso mais baixo de casulo único foi registado (1.723g) no tratamento de ácido fólico 200 ppm que foi a par com o controlo (1.769g) e outros tratamentos de ácido fólico (1.793 g e 1.789g) e Sampoorna a 2.5 ml/l de água.

Nirwani e Kaliwal (1995) relataram que a suplementação dietética de ácido fólico resultou numa melhoria significativa dos caracteres económicos dos bichos-da-seda. Bharathi e Miao (1999), Miranda *et al.,* (2002) e Sashindran *et al.,* (2011) relataram que o tratamento com hormonas de crescimento aumentou o peso do casulo do bicho-da-seda. Nair et al. (2001) descobriram que a aplicação de 0,25 pl/ml de hormona juvenil BPE a vermes de quinto instar com um dia de idade produziu resultados favoráveis para melhorar as caraterísticas comerciais. Observaram um aumento de 10,47% no peso do casulo. Nirwani e Kaliwal (1995) relataram que a suplementação dietética de ácido fólico resultou numa melhoria significativa dos caracteres económicos dos bichos-da-seda. Observaram que a adição de ácido fólico à dieta conduziu a um aumento de 20-30% nas caraterísticas económicas dos bichos-da-seda.

Os resultados acima referidos estão de acordo com as conclusões dos trabalhadores acima referidos.

4.1.5. Efeito dos reguladores de crescimento no peso da casca do bicho-da-farinha *(Bombyx moriL.)* (g).

Os dados sobre o efeito dos reguladores de crescimento no peso de uma única casca (g) do bicho-da-seda bivoltino *(B.moriL.) são apresentados no* Quadro 4.5 e *na* Fig.4.5. Os dados revelaram os seguintes pormenores: às 48 horas de tratamento, o peso de casca significativamente mais elevado foi registado (0,514 g) pelo tratamento de Serimore a 3,5 ml por litro e o peso de casca mais baixo foi registado (0,337 g) pelo tratamento de Sampoorna à taxa de 7,5 ml por litro.

No tratamento de 72h, o peso significativamente mais alto da casca foi registado (0,474 g) pelo tratamento de Serimore a 3,5 ml por litro, que foi a par com o tratamento de ácido fólico 200ppm e o peso mais baixo da casca registado (0,349 g) pelo tratamento de Sampoorna a 5 ml/l de água.

Tabela 4.5: Efeito dos reguladores de crescimento no peso médio de uma única casca (g) do bicho-da-seda bivoltino *(Bombyx mori* L.)

Treatment No.	Treatment details	Treatment timing in 5th instar			
		48 hrs	72 hrs	96hrs	120 hrs
T1	Serimore 1.5 ml/l of water	0.376	0.376	0.396	0.39
T2	Serimore 2.5 ml/l of water	0.463	0.434	0.428	0.437
T3	Serimore 3.5 ml/l of water	0.514	0.474	0.478	0.426
T4	Sampoorna 2.5 ml/l of water	0.377	0.364	0.387	0.387
T5	Sampoorna 5.0 ml/l of water	0.343	0.349	0.393	0.475
T6	Sampoorna 7.5 ml/l of water	0.337	0.388	0.475	0.477
T7	Folic acid 100 ppm	0.377	0.385	0.384	0.385
T8	Folic acid 150 ppm	0.379	0.385	0.387	0.385
T9	Folic acid 200 ppm	0.492	0.473	0.435	0.387
T10	Control	0.377	0.377	0.377	0.377
SE±		**0.002**	**0.002**	**0.003**	**0.002**
CD at5%		**0.007**	**0.006**	**0.01**	**0.007**
CV		**1.129**	**1.085**	**1.587**	**1.206**

No tratamento de 96h, o peso significativamente mais elevado da casca foi registado (0,478 g) pelo tratamento de Serimore a 3,5 ml por litro, que foi a par com o tratamento de Sampoorna7,5 ml/l de água e o peso mais baixo da casca registado (0,377 g) pelo controlo.

A 120 h de tratamento, o peso significativamente mais elevado da casca foi registado (0,477 g) pelo tratamento de Sampoorna7,5 ml/l de água, que foi igual ao tratamento de Sampoorna5 ml/l de água e o peso mais baixo da casca foi registado (0,377 g) pelo controlo.

Magadum e Hooli (1989), Sashindran *et al.*, (2003), Dutta P. *et al.*, (2013) e Nair *et al.* (2011) relataram um aumento no peso da casca com a aplicação de hormonas juvenis. Rai *et al.* (2002) descobriram os efeitos da administração de ácido fólico a larvas de quinto instar do bicho-da-seda, que aumentou o peso da casca em 21,9%. Os investigadores sugeriram que o ácido fólico facilitava a síntese de ácido nucleico nas células das glândulas da seda, aumentando o conteúdo de seda na casca.Nair *et al.* (2005) investigaram a resposta variável do bicho-da-seda, *Bombyx moriL.*, ao fitoecdisteróide dependendo do momento da administração. Os investigadores descobriram que, quando as larvas foram tratadas com fitoecdisteróide às 72 horas, houve efeitos adversos nas caraterísticas económicas do bicho-da-seda.

Os resultados do presente inquérito estão de acordo com as conclusões da investigação dos trabalhadores acima referidos.

4.1.6. Efeito dos reguladores de crescimento sobre a proporção de casca de coco do bicho-da-seda bivoltino *(B. mori* L.) (Por cento).

Os dados sobre o efeito dos reguladores de crescimento na taxa de casca única (%) do bicho-da-seda bivoltino (*B. mori* L.) são apresentados na Tabela-4.6 e na Fig.4.6. revelaram que em 48h de tratamento no 5° instar de Serimore, a taxa de 2,5 ml por litro de água registrou a maior taxa de casca (25,188%). O rácio de casca mais baixo (19,365 por cento) às 48 horas de tratamento foi observado com ácido fólico 150 ppm. No entanto, foi igual ao Sampoorna na taxa de 7,5 ml/l de água e 5 ml/l de água (20 e 19,73 por cento).

Ao fim de 72 horas de tratamento no 5.° instar, o rácio de casca de casulo significativamente mais elevado foi registado (23,973) no tratamento de ácido fólico 200 ppm, que foi igual ao tratamento de Serimore à taxa de 2,5 ml por litro (23,575) e o rácio de casca de casulo mais baixo foi registado (19,83) no tratamento deampoorna à taxa de 7,5 ml/l de água e 5 ml/l de água.

Ao fim de 96 horas de tratamento no 5.° instar, o rácio de casca de casulo significativamente mais elevado foi registado (24,098) no tratamento de Sampoorna à taxa de 7,5 ml/l de água, que foi igual ao tratamento de Serimore à taxa de 2,5 ml por litro (23,515) e o rácio de casca de casulo mais baixo foi registado (20,583) no tratamento de Serimore à taxa de 1,5 ml por litro.

Tabela 4.6: Efeito dos reguladores de crescimento no rácio médio de casca de casulo (%) do bicho-da-seda bivoltino *(Bombyx moriL.)*

Treatment No.	Treatment details	Treatment timing in 5th instar			
		48 hrs	72 hrs	96hrs	120 hrs
T1	Serimore 1.5 ml/l of water	21.29 (4.721)	20.993 (4.69)	20.583 (4.645)	20.118 (4.595)
T2	Serimore 2.5 ml/l of water	25.188 (5.117)	21.325 (4.724)	23.515 (4.951)	21.005 (4.689)
T3	Serimore 3.5 ml/l of water	23.875 (4.984)	23.575 (4.957)	23.288 (4.928)	20.663 (4.652)
T4	Sampoorna 2.5 ml/l of water	21.96 (4.792)	20.73 (4.661)	22.08 4.804	21.315 4.724
T5	Sampoorna 5.0 ml/l of water	19.73 (4.553)	19.83 (4.564)	22.703 (4.868)	22.903 (4.889)
T6	Sampoorna 7.5 ml/l of water	20 (4.582)	21.713 (4.766)	24.098 (5.01)	23.55 (4.953)
T7	Folic acid 100 ppm	20.44 (4.63)	21.475 (4.741)	20.9 (4.68)	21.475 (4.741)
T8	Folic acid 150 ppm	19.365 (4.513)	21.055 (4.696)	21.283 (4.72)	21.495 (4.743)
T9	Folic acid 200 ppm	23.56 (4.956)	23.973 (4.997)	21.875 (4.782)	22.478 (4.845)
T10	Control	21.343 (4.727)	21.32 (4.724)	21.32 (4.724)	21.32 (4.724)
SE±		**0.041**	**0.025**	**0.022**	**0.043**
CD at5%		**0.118**	**0.072**	**0.063**	**0.124**
CV		**1.707**	**1.037**	**0.899**	**1.803**

A 120h do tratamento no 5° instar, o rácio de casca de casulo significativamente mais elevado foi registado (23,55) no tratamento de Sampoorna à taxa de 7,5 ml/l de água, que foi igual ao tratamento de Sampoorna à taxa de 5 ml/l de água (22,903) e Folic

ácido 200 ppm (22,478), o rácio de casca de casulo mais baixo registado (20,118) no tratamento de Serimore à taxa de 1,5 ml por litro, que foi igual a outros tratamentos Serimore (21,005 e 20,663)

Bharathi e Miao (1991) e Sashindran *et al.,* (2011) observaram que há uma melhoria na proporção da casca do casulo com o tratamento de reguladores de crescimento.Nair *et al.* (2005) investigaram a resposta variável do bicho-da-seda, *Bombyx mori* L., ao Phytoecdysteroid dependendo do momento da administração. Os investigadores descobriram que quando as larvas foram tratadas com fitoecdisteróide às 72 horas, houve efeitos adversos nas caraterísticas económicas do bicho-da-seda. As conclusões da presente investigação estão em conformidade com os resultados obtidos pelo trabalhador acima referido.

4.1.7. Efeito dos reguladores de crescimento no comprimento do filamento do casulo do bicho-da-seda *(B. mori* L.) (m).

Os dados relativos ao efeito dos reguladores de crescimento no comprimento do filamento do casulo (m) do bicho-da-seda bivoltino *(B.mori* L.) são apresentados na Tabela-4.7, na Fig.4.7 e na Placa No.4.3.

Os dados (Quadro 7) revelaram que, às 48 horas de tratamento, foi observado um comprimento de filamento significativamente mais longo no ácido fólico 200 ppm (1175 m), no entanto, foi igual ao tratamento com Serimore à taxa de 3,5 ml por litro de água (1137,5 m), e foi observado um comprimento de filamento significativamente mais curto (943,75 m) na Sampoorna à taxa de 7,5 ml/l de água.

Em 72h de tratamento no 5° instar, o comprimento mais alto do filamento do casulo (1165 m) foi registado com a Serimore à taxa de 3,5 ml por litro de água (1150,25m), que foi igual à Serimore à taxa de 3,5 ml por litro de água (1127,5m). O comprimento mais baixo do filamento (869m) foi observado no tratamento de Sampoorna à taxa de 7,5 ml/l de água.

A 96h do tratamento no 5.º instar, o comprimento mais elevado do filamento do casulo (1165 m) foi registado com ácido fólico 200 ppm, a par com Serimore à taxa de 3,5 ml por litro de água (1150,25) e Serimore à taxa de 2,5 ml por litro de água (1127,5). O comprimento mais baixo do filamento (869 m) foi observado no tratamento de Sampoorna à taxa de 2,5 ml/l de água, que estava a par com todos os outros tratamentos Sampoorna e controlo.

Tabela 4.7: Efeito dos reguladores de crescimento no comprimento médio do filamento do casulo (m) do bicho-da-seda bivoltino *(Bombyx mori* L.)

Treatment No.	Treatment details	Treatment timing in 5th instar			
		48 hrs	72 hrs	96hrs	120 hrs
T1	Serimore 1.5 ml/l of water	1029.75	1089.75	990	983.5
T2	Serimore 2.5 ml/l of water	1053.75	1077.5	1127.5	978.25
T3	Serimore 3.5 ml/l of water	1137.5	1150.25	1165	989
T4	Sampoorna 2.5 ml/l of water	990	990	966	956.75
T5	Sampoorna 5.0 ml/l of water	996.25	996.25	966.25	996.25
T6	Sampoorna 7.5 ml/l of water	943.75	869	982.5	991
T7	Folic acid 100 ppm	1078.75	992.5	985.25	981.75
T8	Folic acid 150 ppm	1082.5	1127.5	994	987.25
T9	Folic acid 200 ppm	1175	1165	1022.25	983.25
T10	Control	966.75	976.5	976.5	976.5
SE±		**20.72488**	**20.69626**	**9.09819**	**5.635084**
CD at5%		**59.85780**	**59.77514**	**26.2774**	**16.2753**
CV		**3.964967**	**3.966986**	**1.78829**	**1.147266**

Em 120h de tratamento no 5° instar, o comprimento mais alto do filamento do casulo (996,25 m) foi registado com o tratamento de Sampoorna à taxa de 5 ml/l de água, foi igual a todos os outros tratamentos exceto o controlo (976,5) e Serimore 1,5 ml/l de água. O menor comprimento de filamento (956,75) foi observado no tratamento com Sampoorna à taxa de 2,5 ml/l de água.

Gaaboub *et al.*, (1990), Nair *et al.*, (2004) e Sashindran *et al,(*Rai *et al.* (2002), Rahmathulla *et al.* (2007), Rahmathulla *et al.* (2011) verificaram um aumento do do filamento de seda através da administração de ácido fólico a larvas do quinto instar do bicho-da-seda. Nair *et al*. (2005) investigaram a resposta variável do bicho-da-seda, *Bombyx mori* L., ao fitoecdisteróide, dependendo do momento da administração. Os investigadores verificaram que, quando as larvas foram tratadas com fitoecdisteróide às 72 horas, houve efeitos adversos nas caraterísticas económicas do bicho-da-seda, especialmente no comprimento do filamento.

Na presente investigação também se verificou um aumento do comprimento do filamento quando a hormona juvenil Serimore e o ácido fólico foram administrados nos 5 th instares larvares do bicho-da-seda, mas verificou-se uma diminuição do comprimento do filamento no tratamento com sampoorna nos primeiros tratamentos quando comparado com o controlo.

4.1.8. Efeito dos reguladores de crescimento no peso dos filamentos do bivoltinesilkworm

***(B. mori* L.) (g).**

Os dados sobre o efeito dos reguladores de crescimento no peso do filamento (g) do bicho-da-seda bivoltino (*B. mori* L.) são apresentados na Tabela-4.8 e na Fig.8. Os dados revelaram que, em 48h de tratamento, o peso significativamente mais baixo do filamento (0,29375g) foi registado em Sampoorna a 7,5 ml/l de água. Um peso de filamento significativamente mais alto (0,33725g) foi observado em Serimore à taxa de 2,5 ml por litro de tratamento de água, que foi igual a outros tratamentos Serimore e ácido fólico 200 ppm.

No tratamento de 72h, o peso de filamento significativamente mais baixo (0,2275g) foi registado em Sampoornaat 7,5 ml/l de água. O peso significativamente mais alto do filamento (0,323g) foi observado em Serimore à taxa de 1,5 ml por litro de tratamento de água, que foi igual aos tratamentos Serimore e outros tratamentos de ácido fólico.

No tratamento de 96h foi registado um peso de filamento significativamente mais baixo (0,2985g) no controlo. O peso significativamente mais alto do filamento (0,351g) foi observado em Serimore na taxa de 3,5 ml por litro de tratamento de água.

No tratamento de 120h foi registado um peso de filamento significativamente mais baixo (0,2985g) no controlo. O peso significativamente mais alto do filamento (0,33725g) foi observado no tratamento com Serimore à taxa de 2,5 ml por litro de água, que foi igual a todos os tratamentos com Serimore e Sampoorn e ácido fólico 100 ppm (0,3295g).

Tabela 4.8: Efeito dos reguladores de crescimento no peso médio dos filamentos (g) do bicho-da-seda bivoltino *(Bombyx mori* L.)

Treatment	Treatment details	Treatment timing in 5th instar			
No.		48 hrs	72 hrs	96hrs	120 hrs
T1	Serimore 1.5 ml/l of water	0.33425	0.322	0.3265	0.33525
T2	Serimore 2.5 ml/l of water	0.33725	0.312	0.349	0.33725
T3	Serimore 3.5 ml/l of water	0.33275	0.31375	0.351	0.329
T4	Sampoorna 2.5 ml/l of water	0.29575	0.281	0.32	0.3265
T5	Sampoorna 5.0 ml/l of water	0.2965	0.2705	0.31825	0.324
T6	Sampoorna 7.5 ml/l of water	0.29375	0.2275	0.311	0.32425
T7	Folic acid 100 ppm	0.317	0.323	0.3205	0.3295
T8	Folic acid 150 ppm	0.31625	0.32	0.32175	0.31925
T9	Folic acid 200 ppm	0.32775	0.3195	0.3185	0.316
T10	Control	0.2985	0.2985	0.2985	0.2985
SE±		**0.003496**	**0.003169**	**0.003988**	**0.004811**
CD at5%		**0.010099**	**0.011518**	**0.009154**	**0.013896**
CV		**2.220318**	**2.669744**	**1.959515**	**2.970485**

4.1.9. Efeito dos reguladores de crescimento no denier do bicho-da-seda bivoltino *(Bombyx moriL.)*

Os dados sobre o efeito dos reguladores de crescimento no denier do bivoltinesilkworm *(B.mori* L.) são apresentados na Tabela-4.9, Fig.4.9. Os dados (Tabela-4.9) são estatisticamente significativos. No tratamento de 48h, o denier significativamente mais baixo (2,515) foi registado no ácido fólico a 200 ppm. No entanto, foi a par com outros tratamentos de ácido fólico (2,624 e 2,646). O denier significativamente mais elevado às 48h foi registado com Serimoreattherate 2,5 ml por litro de água (2,883), que foi a par com outros tratamentos Serimore e controlo.

Ao fim de 72 horas de tratamento, o denier significativamente mais baixo (2,356) foi registado em Sampoornaat 7,5 ml/l de água, mas foi igual ao de Sampoornaat 5 ml/l de água (2,444), Serimore à taxa de 3,5 ml por litro de água (2,469) e ácido fólico 200 ppm (2,468).

Tabela 4.9: Efeito dos reguladores de crescimento no denier médio do bicho-da-seda bivoltino *(Bombyx mori* L.)

Treatment No.	Treatment details	Treatment timing in 5th instar			
		48 hrs	72 hrs	96hrs	120 hrs
T1	Serimore 1.5 ml/l of water	2.841	2.666	2.961	3.068
T2	Serimore 2.5 ml/l of water	2.883	2.611	2.786	3.103
T3	Serimore 3.5 ml/l of water	2.779	2.469	2.712	2.994
T4	Sampoorna 2.5 ml/l of water	2.689	2.555	2.982	3.072
T5	Sampoorna 5.0 ml/l of water	2.679	2.444	2.964	2.927
T6	Sampoorna 7.5 ml/l of water	2.806	2.356	2.849	2.945
T7	Folic acid 100 ppm	2.624	2.929	2.928	3.02
T8	Folic acid 150 ppm	2.646	2.555	2.913	2.911
T9	Folic acid 200 ppm	2.515	2.468	2.887	2.893
T10	Control	2.779	2.751	2.751	2.751
SE±		**0.054**	**0.06**	**0.028**	**0.045**
CD at5%		**0.157**	**0.174**	**0.081**	**0.131**
CV		**3.963**	**4.658**	**1.936**	**3.032**

No tratamento 96, o denier significativamente mais baixo (2.712) foi registado em Serimore à taxa de 3.5 ml por litro de água. O denier significativamente mais alto às 96h foi registado em Sampoorna à taxa de 7,5 ml/l de água (2.982), que foi a par com Sampoorna à taxa de 5 ml/l de água (2,964), ácido fólico a 100 ppm (2,928), ácido fólico a 100 ppm (2,913) e Serimore à taxa de 3,5 ml por litro de água (2,961).

No tratamento de 120 horas, o denier significativamente mais baixo (2,751) foi registado no controlo. O denier significativamente mais alto às 120h foi registado em Serimore à taxa de 2,5 ml por litro de água (3,103), que foi a par com outros tratamentos Serimore e Sampoorna à taxa 2,5 ml/l de água (3,072).

Há relatos de melhorias nas caraterísticas económicas do bicho-da-seda com a utilização de reguladores de crescimento, mas não há literatura disponível sobre melhorias no denier, pelo que os resultados não podem ser discutidos.

4.1.8. Efeito dos reguladores de crescimento no rendimento de coco por 10.000 larvas escovadas do bicho-da-seda bivoltino *(B.mori* L.) (kg).

Os dados relativos ao efeito dos reguladores de crescimento sobre a produção de casulos por 10.000 larvas escovadas (kg) de Bivoltinesilkworm (*B.* morzL.) são apresentados no quadro 4.10 e na figura 4.I0.

Os dados (Tabela-10) revelaram que, no tratamento de 48h, o menor rendimento de casulos por 10.000 larvas escovadas foi observado no Sampoorna 7,5 ml/l de água (16,87 kg), que foi igual ao Sampoorna 2.5 ml/l de água (17,14Kg) e a maior produção de casulos por 10.000 larvas escovadas foi observada no tratamento Ácido fólico 200 ppm (20,89Kg), que foi igual ao tratamento Serimore a 3,5 ml/l de água (20,66Kg).

No tratamento de 72h no 5° instar, a menor produção de casulos por 10.000 larvas escovadas foi observada no Sampoorna 7,5 ml/l de água (17,455Kg), que foi igual a todos os outros tratamentos Sampoorna, Serimore 1.5 ml/l de água (17,81Kg), e controlo (17,68Kg) e a maior produção de casulos por 10.000 larvas escovadas observada no tratamento Serimore a 2,5 ml/l de água (20,14Kg) que foi igual à Serimore a 3,5 ml/l de água (20,07Kg).

Ao fim de 96 horas de tratamento no 5° instar, a produção mais baixa de casulos por 10.000 larvas escovadas foi observada no tratamento Sampoorna 2,5 ml/l de água (17,22Kg), que foi igual ao Sampoorna 5 ml/l de água (17,25Kg) e a produção mais elevada de casulos por 10.000 larvas escovadas foi observada no tratamento Serimore a 3,5 ml/l de água (20,35Kg).

Tabela 4.10: Efeito dos reguladores de crescimento no rendimento médio de casulos por 10.000 larvas escovadas (kg) do bicho-da-seda bivoltino *(Bombyx mori* L.)

Treatment No.	Treatment details	Treatment timing in 5th instar			
		48 hrs	72 hrs	96hrs	120 hrs
T1	Serimore 1.5 ml/l of water	17.5975	17.815	18.1525	19.3925
T2	Serimore 2.5 ml/l of water	18.54	20.145	19.1725	19.6675
T3	Serimore 3.5 ml/l of water	20.665	20.0725	20.35	19.68
T4	Sampoorna 2.5 ml/l of water	17.14	17.495	17.225	18.1025
T5	Sampoorna 5.0 ml/l of water	17.345	17.81	17.25	20.605
T6	Sampoorna 7.5 ml/l of water	16.8725	17.455	19.6275	20.6675
T7	Folic acid 100 ppm	18.3775	17.89	18.2625	17.695
T8	Folic acid 150 ppm	19.4975	18.58	18.1525	17.92
T9	Folic acid 200 ppm	20.8925	19.1775	19.775	17.1925
T10	Control	17.69	17.6875	17.6875	17.6875
SE±		**0.152963**	**0.25690**	**0.13539**	**0.30063**
CD at5%		**0.441791**	**0.74198**	**0.39105**	**0.86828**
CV		**1.661566**	**2.79047**	**1.45857**	**3.18785**

Ao fim de 120 horas de tratamento no 5° instar, a maior produção de casulos por 10.000 larvas escovadas foi observada no Sampoorna 7,5 ml/l de água (20,66Kg), que estava a par do Sampoorna 5 ml/l de água (20,60Kg) e a menor produção de casulos por 10.000 larvas escovadas (17,19Kg) foi observada no tratamento com ácido fólico 200 ppm, que estava a par de todos os outros tratamentos com ácido fólico e controlo (17,68Kg).

Mamathaetal (2006), Marghitas *et al (2007),* Pai e Hemlatha (2007), Nair *et al* (2008) e Nair *et al* (2011) relataram uma melhoria no rendimento do bicho-da-seda após a aplicação de hormonas juvenis no bicho-da-seda. Rufaie *et al.* (2015) encontraram um efeito adverso no rendimento do casulo devido à administração de fitoecdisosteróide. Os resultados acima estão de acordo com os resultados observados na presente investigação.

4.1.9. Efeito de reguladores de crescimento na emergência da traça do bicho-da-seda *(Bombyx moriL.)* (Por cento).

Os dados sobre o efeito dos reguladores de crescimento na emergência da traça (%) do *bicho-da-seda* bivoltino *(Bombyx moriL.)* são apresentados na Tabela-4.11 e na Fig.4.11. Os dados (Tabela-4.11) revelaram que, às 48 horas de tratamento, a emergência de traça significativamente mais baixa (91,25%) foi observada em Sampoorna a 7,5 ml/l de água, o que foi igual ao tratamento de Sampoorna a 5 ml/l de água (91,5%) e Serimore a 1,5 e 2,5 ml/l de água (91,75 e 91,5%).

Ao fim de 72 horas de tratamento, a percentagem de emergência de traça significativamente mais baixa (90 por cento) foi observada em Sampoorna a 5 ml/l de água, o que foi igual ao tratamento de Sampoorna a 7,5 ml/l de água e 2,5 ml/l de água (91,5 por cento e 91,5 por cento) e Serimore a 1,5 e 2,5 ml/l de água (91,25 e 92 por cento).A maior percentagem de emergência de traça foi observada no ácido fólico 100 ppm (96%), que estava a par com o ácido fólico 150, 200 ppm (94,5 e 95,5) e Serimore a 3,5 ml/l de água (94,5%).

No tratamento de 96 horas, observou-se uma emergência de traça significativamente mais baixa (91,25%) em Sampoornaat 2,5 ml/l de água, que estava a par com o controlo (91,75). A percentagem mais elevada de emergência de traça foi observada no ácido fólico 100 ppm (96,25%), que estava a par com o ácido fólico 150, 200 ppm (94,75 e 95,25) e Serimore a 3,5 ml/l de água e 2,5 ml/l de água (94 e 93,50%). A 120 h de tratamento, a emergência de traça significativamente mais baixa (90 por cento) foi observada no Sampoornaat 5 ml/l de água, que estava a par com o tratamento de Sampoornaat 7,5 ml/l de água e 2,5 ml/l de água (92,5 por cento e 91,5 por cento) e controlo (91,75 por cento).A percentagem mais elevada de emergência de traça foi observada no ácido fólico 100 ppm (96 por cento), que estava a par com o ácido fólico 150, 200 ppm (94,5 e 95,75 por cento) e todos os outros tratamentos Serimore (94,5, 95,25 e 95,75 por cento). O resultado não pôde ser discutido por falta de literatura relevante sobre o efeito dos reguladores de crescimento na emergência de traça do bicho-da-seda.

Tabela 4.11: Efeito dos reguladores de crescimento na emergência média de traça (%) do bicho-da-seda bivoltino *(Bombyx mori* L.)

Treatment No.	Treatment details	Treatment timing in 5th instar			
		48 hrs	72 hrs	96hrs	120 hrs
T1	Serimore 1.5 ml/l of water	91.75 (9.631)	91.25 (9.605)	93.25 (9.708)	95.75 (9.835)
T2	Serimore 2.5 ml/l of water	91.5 (9.618)	92 (9.643)	94 (9.746)	95.25 (9.81)
T3	Serimore 3.5 ml/l of water	96.25 (9.86)	94.5 (9.772)	93.5 (9.72)	94.5 (9.772)
T4	Sampoorna 2.5 ml/l of water	94.75 (9.785)	91.5 (9.618)	91.25 (9.605)	91.5 (9.618)
T5	Sampoorna 5.0 ml/l of water	91.5 (9.604)	90 (9.539)	94.5 (9.772)	90 (9.539)
T6	Sampoorna 7.5 ml/l of water	91.5 (9.618)	91.5 (9.616)	94.25 (9.759)	92.5 (9.669)
T7	Folic acid 100 ppm	94.5 (9.772)	96 (9.847)	96.25 (9.861)	96 (9.847)
T8	Folic acid 150 ppm	94.5 (9.772)	94.5 (9.771)	94.75 (9.785)	94.5 (9.771)
T9	Folic acid 200 ppm	95.75 (9.836)	95.75 (9.835)	95.25 (9.81)	95.75 (9.835)
T10	Control	91.75 (9.631)	91.75 (9.631)	91.75 (9.631)	91.75 (9.631)
SE±		0.05	0.066	0.051	0.068
CD at5%		0.145	0.192	0.149	0.197
CV		1.029	1.362	1.056	1.398

4.1.12. Efeito dos reguladores de crescimento na fecundidade do bicho-da-seda bivoltino *(Bombyx mori* L.)

Os dados sobre o efeito dos reguladores de crescimento na fecundidade do bicho-da-seda bivoltino *(B.mori* L.) são apresentados no Quadro 4.12, na Fig. 4.12 e na Placa n.º 4.4. Os dados (Quadro 4.12) revelaram que, em 48 horas de tratamento, a fecundidade significativamente mais elevada (614,75 ovos) foi registada no ácido fólico a 150 ppm e a fecundidade mais baixa (547,5 ovos) foi registada em Sampoorna2,5 ml/l de água.

Quadro 4.12: Efeito dos reguladores de crescimento na fecundidade média do bicho-da-seda bivoltino *(Bombyx mori* L.)

Treatment No.	Treatment details	Treatment timing in 5th instar			
		48 hrs	72 hrs	96hrs	120 hrs
T1	Serimore 1.5 ml/l of water	590	597.75	609.5	601.5
T2	Serimore 2.5 ml/l of water	597.5	589	633	617.5
T3	Serimore 3.5 ml/l of water	566.25	592.5	642	625
T4	Sampoorna 2.5 ml/l of water	547.5	556.75	585.5	590.25
T5	Sampoorna 5.0 ml/l of water	583.75	562	596.75	594.5
T6	Sampoorna 7.5 ml/l of water	565.5	561.75	561.5	580
T7	Folic acid 100 ppm	600	578	590	585
T8	Folic acid 150 ppm	614.75	593.5	596.5	616.5
T9	Folic acid 200 ppm	597	611.25	623	622.25
T10	Control	587.25	585.5	587.75	583.5
SE±		5.892085	7.103989	12.8509	10.46283
CD at5%		17.01757	20.51780	37.1161	30.21884
CV		2.014560	2.437882	4.26550	3.478334

No tratamento de 72h, a fecundidade significativamente mais alta (611,25 ovos) foi registada no ácido fólico a 200 ppm e a fecundidade mais baixa (556,75 ovos) foi registada em Sampoorna2,5 ml/l de água. No tratamento de 96 horas, a fecundidade significativamente mais elevada (642 ovos) foi registada em Serimore 3,5 ml/l de água e a fecundidade mais baixa (561,5 ovos) foi registada em Sampoorna7,5 ml/l de água, o que foi igual ao controlo (587,75 ovos), ácido fólico 100 ppm (590 ovos) e 150 ppm (596,5 ovos).

Ao fim de 120 horas de tratamento, registou-se uma fecundidade significativamente mais elevada (625 ovos) no tratamento com Serimore 3,5 ml/l de água, que foi igual à do tratamento com Serimore 2,5 ml/l (617,5 ovos), Serimore 3,5 ml/l (601,5), ácido fólico 150 ppm (616,5 ovos) e 200 ppm (622,25 ovos) e Sampoorna5 ml/l de água (594,5). A fecundidade mais baixa (580 ovos) foi registada no Sampoorna7,5 ml/l de água, que foi igual a outros tratamentos Sampoorna (594,5 e 585 ovos), controlo (583,5 ovos), ácido fólico 100 ppm (585 ovos) e 150 ppm (596,5 ovos).

Rai *et al.* (2002) verificaram que houve um aumento da fecundidade de 32,6%, indicando um papel potencial do ácido fólico na oogénese e na formação da gema nos bichos-da-seda.

A literatura sobre o efeito de reguladores de crescimento como a hormona juvenil e o fitoecdisosteróide na fecundidade do bicho-da-seda não está disponível, pelo que os resultados não puderam ser discutidos.

4.1.13. Efeito de reguladores de crescimento na percentagem de eclosão de bivoltinesilkworm *(B. mori* L.).

Os dados sobre o efeito dos reguladores de crescimento na percentagem de eclosão (%) do bicho-da-seda bivoltino *(B. mori* L.) são apresentados na Tabela-4.13 e na Fig.4.13.

Os dados (Tabela-4.13) são estatisticamente significativos. No tratamento de 48 horas, a percentagem de eclosão significativamente mais elevada foi observada (96,75 por cento) no tratamento com Serimore à taxa de 3,5 ml por litro de água, que estava a par de outros tratamentos com Serimore (94,75 e 96 por cento) e de todos os tratamentos com ácido fólico (93,5, 95 e 95,75 por cento). A percentagem de eclosão significativamente mais baixa (90,75 por cento) foi observada no tratamento com Sampoorna2,5 ml/l de água, o que foi igual a todos os outros tratamentos com Sampoornatratamento e controlo (92 por cento).

Quadro 4.13: Efeito dos reguladores de crescimento na percentagem média de eclosão do bicho-da-seda bivoltino *(Bombyx mori* L.)

Treatment No.	Treatment details	Treatment timing in 5th instar			
		48 hrs	72 hrs	96hrs	120 hrs
T1	Serimore 1.5 ml/l of water	94.75 (9.785)	93.25 (9.708)	94.25 (9.759)	90.25 (9.55)
T2	Serimore 2.5 ml/l of water	96 (9.848)	94.5 (9.772)	95.5 (9.823)	91.5 (9.618)
T3	Serimore 3.5 ml/l of water	96.75 (9.887)	93.25 (9.707)	97 (9.899)	92.5 (9.669)
T4	Sampoorna 2.5 ml/l of water	90.75 (9.576)	87.75 (9.421)	91.5 (9.616)	94.25 (9.759)
T5	Sampoorna 5.0 ml/l of water	91.75 (9.631)	88.5 (9.459)	92 (9.644)	96.25 (9.861)
T6	Sampoorna 7.5 ml/l of water	92.25 (9.657)	88.5 (9.460)	92.5 (9.67)	97.25 (9.912)
T7	Folic acid 100 ppm	93.5 (9.721)	91.25 (9.604)	93.25 (9.708)	93.5 (9.721)
T8	Folic acid 150 ppm	95 (9.797)	91 (9.592)	93.75 (9.733)	94.75 (9.785)
T9	Folic acid 200 ppm	95.75 (9.836)	92.5 (9.669)	95 (9.798)	95 (9.798)
T10	Control	92 (9.643)	92 (9.643)	92 (9.643)	92 (9.643)
SE±		0.058	0.055	0.053	0.055
CD at5%		0.169	0.159	0.153	0.161
CV		1.199	1.144	1.082	1.14

Ao fim de 72 horas de tratamento, a percentagem de eclosão significativamente mais elevada foi observada (94,5 por cento) no tratamento com Serimore à taxa de 3,5 ml por litro de água, o que foi igual a outros tratamentos com Serimore (93,25 e 93,25 por cento) e ácido fólico (92,5 por cento) e controlo (92 por cento). A percentagem de eclosão significativamente mais baixa (87,75 por cento) foi observada no tratamento Sampoorna2,5 ml/l de água, que estava a par de todos os outros tratamentos Sampoornatratamentos 88,5 e 88,5 por cento.

Ao fim de 96 horas de tratamento, a percentagem de eclosão significativamente mais elevada foi observada (97%) no tratamento com Serimore a uma taxa de 3,5 ml por litro de água, o que foi igual a outros tratamentos com Serimore (94,25 e 95,5%) e ácido fólico (95%). A percentagem de eclosão significativamente mais baixa (91,5 por cento) foi observada no Sampoorna 2,5 ml/l de água, que estava a par com todos os outros tratamentos Sampoorna 92 e 92,5 por cento, ácido fólico 100 ppm (93,25 por cento), ácido fólico 150 ppm (93,75 por cento) e controlo (92 por cento).

Ao fim de 120 horas de tratamento, a percentagem de eclosão significativamente mais elevada foi observada (97,25%) no tratamento com Sampoorna a 2,5 ml/l de água, o que foi igual ao ácido fólico 150 e 200 ppm (94,75 e 95%). A percentagem de eclosão significativamente mais baixa (90,25%) foi observada em Serimore à taxa de 1,5 ml por litro de tratamento com água, que estava a par com outros tratamentos Serimore (91,5 e 92,5%) e controlo (92%).

4.1.10. Efeito dos reguladores de crescimento na taxa efectiva de criação do bicho-da-seda bivoltino *(Bombyx mori* L.) (Percentagem).

Os dados sobre o efeito dos reguladores de crescimento na taxa efectiva de criação do bicho-da-seda bivoltino *(B.mori* L.) são apresentados na Tabela-4.14 e na Fig.4.14. Os dados revelaram que às 48h foi observada uma taxa efectiva de criação significativamente mais elevada com Serimore à taxa de 1,5 e 3,5 ml por litro de água (95,75 por cento, 95,75 por cento). A taxa efectiva de criação significativamente mais baixa (85,25 por cento) foi observada em Sampoorna5 ml/l de água, que estava a par com outros tratamentos Sampoorn (86,5 e 87,5 tratamentos).

No tratamento de 72h foi observada uma taxa efectiva de criação significativamente mais elevada (93,25 por cento) com Serimore à taxa de 3,5 ml por litro de água, que foi igual à de Serimore a 1,5 e 2,5 ml/l de água (92,25 e 91,5). A taxa efectiva de criação significativamente mais baixa (86,25 por cento) foi observada em Sampoorna7,5 ml/l de água, que foi igual a todos os outros tratamentos Sampoornae ácido fólico e controlo (89 por cento).

Ao fim de 96 horas de tratamento, observou-se uma taxa efectiva de criação significativamente mais elevada (95,25 por cento) com ácido fólico 200 ppm, que estava a par com Sampoorna a 7,5 ml/l de água (93,25 por cento) e todos os outros tratamentos com Serimore e ácido fólico.

Ao fim de 120 horas de tratamento, observou-se uma taxa efectiva de criação significativamente mais elevada (96%) com o tratamento de Serimore à taxa de 3,5 ml/l de água, que estava ao mesmo nível que o ácido fólico 150 ppm (93,75%) e Serimore a

2,5 ml/l de água (95,25) e Serimore a 1,5 ml/l de água (94%). A taxa efectiva de criação significativamente mais baixa (89%) foi observada no controlo, que foi igual a todos os tratamentos Sampoorn.

Quadro 4.14: Efeito dos reguladores de crescimento na taxa média efectiva de criação (%) do bicho-da-seda bivoltino *(Bombyx mori* L.)

Treatment No.	Treatment details	Treatment timing in 5th instar			
		48 hrs	72 hrs	96hrs	120 hrs
T1	Serimore 1.5 ml/l of water	95.75 (9.836)	92.25 (9.656)	93 (9.693)	94 (9.746)
T2	Serimore 2.5 ml/l of water	94.75 (9.785)	91.5 (9.617)	95 (9.798)	95.25 (9.811)
T3	Serimore 3.5 ml/l of water	95.75 (9.836)	93.25 (9.708)	95.25 (9.811)	96 (9.848)
T4	Sampoorna 2.5 ml/l of water	86.5 (9.353)	88 (9.434)	91 (9.591)	91 (9.591)
T5	Sampoorna 5.0 ml/l of water	85.25 (9.286)	87 (9.381)	91.75 (9.63)	90.75 (9.578)
T6	Sampoorna 7.5 ml/l of water	87.5 (9.406)	86.25 (9.34)	93.25 (9.707)	91.75 (9.63)
T7	Folic acid 100 ppm	95.25 (9.81)	89 (9.485)	94 (9.747)	92.75 (9.682)
T8	Folic acid 150 ppm	93.75 (9.734)	88.75 (9.472)	93.25 (9.708)	93.75 (9.734)
T9	Folic acid 200 ppm	95.25 (9.81)	90.5 (9.562)	92.5 (9.669)	92.75 (9.682)
T10	Control	89 (9.487)	89 (9.487)	89 (9.487)	89 (9.487)
SE±		0.054	0.079	0.053	0.053
CD at5%		0.157	0.229	0.155	0.154
CV		1.126	1.66	1.1	1.097

Nair *et al.*, (2001) observaram um aumento de 2 por cento na taxa efectiva de criação com a aplicação de mímicos de hormonas juvenis. Os resultados do presente estudo também estão em conformidade com os resultados obtidos no presente estudo.

4.2.1 Efeito dos reguladores de crescimento nos ingesta do bicho-da-seda bivoltino *(B. mori* L.) de idade tardia (grama).

Os dados sobre o efeito dos reguladores de crescimento na ingesta do bicho-da-seda bivoltino *(B. mori* L.) são apresentados na Tabela-4.15 e na Fig.4.15.

Tabela 4.15: Efeito dos reguladores de crescimento na média de ingesta (g) do bicho-da-seda bivoltino de idade tardia *(Bombhyx mori* L.)

Treatment No.	Treatment details	Treatment timing in 5th instar			
		48 hrs	72 hrs	96hrs	120 hrs
T1	Serimore 1.5 ml/l of water	1260	1237.5	1230	1250
T2	Serimore 2.5 ml/l of water	1275	1247.5	1255	1253.75
T3	Serimore 3.5 ml/l of water	1340	1272.5	1280	1367.5
T4	Sampoorna 2.5 ml/l of water	1160	1140	1095	1155
T5	Sampoorna 5.0 ml/l of water	1137.5	1160	1045	1142.5
T6	Sampoorna 7.5 ml/l of water	1140	1125	1025	1152.5
T7	Folic acid 100 ppm	1230	1230	1222.5	1207.5
T8	Folic acid 150 ppm	1240	1243.25	1231.8	1240
T9	Folic acid 200 ppm	1260	1247.5	1227.5	1240
T10	Control	1195	1195	1195	1195
SE±		**12.35752**	**10.42523**	**8.8217**	**12.28778**
CD at5%		**35.69111**	**30.11025**	**25.4791**	**35.48969**
CV		**2.019615**	**1.723428**	**1.49435**	**2.013771**

Os dados (Tabela-15) são estatisticamente significativos. A ingesta significativamente mais elevada foi registada pelo tratamento de Serimore à taxa de 3,5 ml/l de água às 48h, 72h, 96h e 120h. No entanto, ao tratamento de 72h, estava ao mesmo nível que Serimore a 2,5 ml/l de água (1247,5 g), ácido fólico 200 ppm (1247,5 g) e ácido fólico 150 ppm (1243,25 g) e ao tratamento de 96h estava ao mesmo nível que Serimore 2,5 ml/l de água (1255).

A ingesta significativamente mais baixa foi registada pelo tratamento de

Sampoorna à taxa de 7,5 ml/l de água às 72h (1125 g) e 96h (1025 g), que foi igual à de Sampoorna à taxa de 5 ml/l de água, 1160 g e 1045 g, respetivamente. No entanto, o tratamento com Sampoorna à taxa de 5 ml/l de água registou a ingestão mais baixa às 48h (1137,5 g) e às 120h (1142,5 g), sendo igual à do Sampoorna2,5 ml/l de água (1160 g e 1155 g) e do Sampoorna7,5 ml/l de água (1140 g e 1152,5 g), respetivamente.

Rahmathulla *et al.* (2011) relataram que a administração oral de ácido fólico aumentou a assimilação e a eficiência de conversão dos bichos-da-seda. Balasundaram *et al.* (2013) verificaram que a eficácia alimentar e a taxa de crescimento das larvas do bicho-da-seda (5.º instar) foram melhoradas pelo grupo tratado com vitamina C a 0,2% do que o grupo de controlo e outros grupos tratados com vitamina C. Santhy (2015) referiu que a manta, um análogo da hormona juvenil, aplicada às larvas do bicho-da-seda a uma concentração de 0,75) lg e l.O) lg, teve uma correlação positiva significativa com o consumo, a ejeção, a produção e a ECD.

4.3. Estudar o estado nutricional dos seri-resíduos

4.3.1. Teor de nutrientes dos resíduos de criação do bicho-da-seda - cama do bicho-da-seda.

O teor de nutrientes dos resíduos de criação do bicho-da-seda foi analisado e os resultados são apresentados no Quadro 16.

Os dados revelaram que a percentagem mais elevada de azoto é de 2,14 por cento, fósforo 0,78 por cento, potassa 1,63 por cento, cálcio 1,58 por cento, magnésio 0,64 por cento, enxofre 0,29 por cento, zinco 84,7ppm, ferro 1237ppm, manganês 57,5ppm e cobre 61,6ppm na cama do bicho-da-seda que é tratada com serimore.

Quadro 4.16: Teor de nutrientes da cama de resíduos de criação do bicho-da-seda da amoreira *(Bombyx mori.* L)

Tr No.	Treatment details	Major nutrients			Secondary nutrients			Micronutrients			
		N (per cent)	P (per cent)	K (per cent)	Ca (per cent)	Mg (per cent)	S (per cent)	Zn (ppm)	Fe (ppm)	Mn (ppm)	Cu (ppm)
T1	Litter of Serimore treated silkworm	2.14	0.78	1.63	1.58	0.64	0.29	84.7	1237	507.5	61.6
T2	Litter of Sampoorna treated silkworm	2.12	0.75	1.62	1.55	0.63	0.26	84	1222	506	61.52
T3	Litter of Folic acid treated silkworm	2.10	0.71	1.59	1.55	0.62	0.26	83.5	1228	507	61.4
T4	control	2.06	0.73	1.58	1.55	0.61	0.26	83.34	1198	506	61.34

Das *et al.* (1997) referiram que a cama do bicho-da-seda contém 2,90 por cento de N, 0,94 por cento de P e 1,70 por cento de K. Shanmugam *et al. (2020)*, ao trabalharem na comparação dos excrementos do bicho-da-seda com outros estrumes orgânicos, referiram que a percentagem mais elevada de N: 2,05 por cento, P: 0,60 por cento, K: 2,20 por cento, cálcio: 1,66ppm, magnésio: 0.71ppm e enxofre: 0.29ppm. Yashoda *et al.,*(2001) referiram que a cama de resíduos de soro contém aproximadamente 2,00 por cento de N, 0,93 por cento de P e 1,5 por cento de K.*Kalaiyarasanet al.,*(2015) referiram que a cama do bicho-da-seda contém aproximadamente 30 por cento de humidade, 2,02,24 por cento de azoto, 0,93-1,0 por cento de fósforo e 1,5-1,8 por cento de potássio, para além de zinco, ferro, manganês e cobre como micronutrientes. Os resultados estão em conformidade com trabalhadores anteriores.

CAPÍTULO 5: RESUMO E CONCLUSÃO

Foi realizada uma investigação para conhecer o "Efeito dos reguladores de crescimento no crescimento e nas caraterísticas económicas do bicho-da-seda bivoltino *Bombyx mori L."* A experiência foi realizada no Departamento de Entomologia Agrícola, Faculdade de Agricultura, Parbhani, durante o período de julho-agosto de 2022.

As posturas livres de doenças do bicho-da-seda bivoltino FC1xFC2 foram utilizadas na investigação. A experiência laboratorial foi conduzida num esquema completamente aleatório com dez tratamentos e quatro repetições. Foram criadas cem larvas em cada repetição.

5.1. No tratamento de 48h das larvas de 5º instar, a duração larvar mais curta registada (7,113 dias), a duração pupal mais curta (11,75 dias) foi observada no controlo, o peso larvar de 5º instar mais baixo (g) (45,13g), o peso de um único casulo foi registado (1.687g), peso de casca registado (0.337 g), comprimento de filamento mais curto (943.75m), peso de filamento mais baixo (0.29375g), rendimento de casulo mais baixo por 10.000 larvas (16.87 kg) observado em Sampoorna 7.5 ml/l de água, rácio de casca mais baixo (19.365 por cento) foi observado no ácido fólico 150 ppm. No entanto, foi igual ao Sampoorna na taxa de 7,5 ml / l de água e 5 ml / l de água (20 e 19,73 por cento), o menor denier (2,515) foi registrado no ácido fólico a 200 ppm, menor emergência de traça (91.25 por cento) foi observado em Sampoorna a 5 ml/l de água, que estava a par com o tratamento de Sampoorna a 7,5 ml/l de água (94,5 por cento), a fecundidade mais baixa (547,5 ovos) foi registada em Sampoorna a 2,5 ml/l de água.

A duração mais longa da larva de 5º instar (8,77 dias), o peso da larva de 5º instar (g) (54,41g), a duração mais longa da pupa (15,25 dias), a percentagem mais alta de emergência da traça (96,25%), a percentagem mais alta de eclosão foi observada (96,75%) pelo tratamento de Serimore à taxa de 3.5 ml por litro de água, o maior peso de casulo único (g) (2,089), o maior comprimento de filamento (1175m) e o maior rendimento de casulo por 10.000 larvas escovadas (20,89 kg) foram registados pelo tratamento com ácido fólico a 200 ppm, que foi igual ao de Serimore à taxa de 3.5 ml por litro de água, peso da casca (0,514 g), maior proporção de casca (25,188 por cento), maior peso do filamento (0,33725g) registado pela Serimore à taxa de 2,5 ml por litro de água, maior denier às 48h registado pela Serimore à taxa de 2.5 ml por litro de água (2,883), a fecundidade mais elevada (614,75 ovos) foi registada no ácido fólico a 150 ppm, foi observada uma maior taxa efectiva de criação na Serimore à taxa de 1,5 e 3,5 ml por litro de água tratamento (95,75 por cento, 95,75 por cento)

No tratamento de 72h de larvas de 5th instar, a duração mais curta de larvas de 5th instar (5.678 dias), peso de larvas de 5th instar (g) (44.47g), peso de filamento (0.2275g), rendimento de casulo por 10,000 larvas escovadas (16.87 kg) foi registado pelo tratamento de Sampoorna à taxa de 7.5 ml por litro, duração mais curta de pupas (11.75 dias) foi observada no controlo, o menor peso de casca registado (0,349 g), a menor emergência de traça (90 por cento) pelo tratamento de Sampoorna a 5 ml/l de água, a menor proporção de casca de casulo registada (19,83), comprimento de filamento (869m) no tratamento de Sampoorna à taxa de 7,5 ml/l de água e 5 ml/l de água, a menor fecundidade (556,75 ovos) foi registada em Sampoorna2,5 ml/l de água.

A duração mais longa da larva de 5º instar (7,837 dias), o peso da larva de 5º instar (g) (54,63 g), a duração mais longa da pupa (15,5 dias), o peso mais elevado da casca (0,474 g), o comprimento do filamento do casulo (1165 m), a percentagem mais elevada de eclosão (94,5 por cento), a taxa mais elevada de criação (93,25 por cento) pelo tratamento de Serimore a uma taxa de 3,5 ml por litro de água, o maior rendimento de casulo por 10.000 larvas (2,036), o maior rendimento de casulo por 10.000 larvas.25 por cento) pelo tratamento de Serimore à taxa de 3,5 ml por litro de água, o maior peso de casulo único (g) (2,036), o maior rendimento de casulo por 10.000 larvas escovadas (20,14 kg) foi registado na Serimore à taxa de 2,5 ml por litro de água, que foi igual à Serimore à taxa de 3.5 ml por litro de água, a maior proporção de casca de casulo registada (23,973 por cento) no tratamento de ácido fólico 200 ppm, que foi a par com o tratamento de Serimore à taxa de 2,5 ml por litro (23,575), o maior peso de filamento (0,323g) foi observado em Serimore à taxa de 1.5 ml por litro de tratamento com água, a maior percentagem de emergência de traça foi observada no ácido fólico 100 ppm (96 por cento), que foi igual ao ácido fólico 150, 200 ppm (94,5 por cento e 95,5 por cento) e Serimore a 3,5 ml/l de água, a maior fecundidade (611,25 ovos) foi registada no ácido fólico a 200 ppm.

No tratamento de 96h das larvas de 5º instar, a duração mais curta da larva de 5º instar (6,595 dias), o peso (g) da larva de 5º instar (47,52g), a duração mais curta da pupa (11 dias), o peso mais baixo de um único casulo foi registado (1.73 g), a fecundidade mais baixa (561,5 ovos) foi registada pelo tratamento de Sampoorna à taxa de 7,5 ml por litro, a taxa de casca de casulo mais baixa registada (20,583) no tratamento de Serimore à taxa de 1.5 ml por litro, o comprimento mais baixo do filamento (869m), o rendimento do casulo por 10.000 larvas escovadas (17,22 kg) foi observado no tratamento de Sampoorna à taxa de 2,5 ml/l de água, que estava a par com todos os outros tratamentos Sampoorna e controlo, o peso mais baixo do filamento (0.2985g) foi registado no controlo, a menor emergência de traça (91,25 por cento) foi observada no Sampoorna a 2,5 ml/l de água , que estava a par com o tratamento do Sampoorna a 7,5 ml/l de água

A duração mais longa da larva de 5º instar (7,96 dias), o peso da larva de 5º instar (54,17 g), a duração mais longa da pupa (15,75 dias), o maior peso de casulo único (g) (2,054), o peso da casca foi registado (0,478 g), o maior peso do filamento (0.351g), maior rendimento de casulos por 10.000 larvas escovadas (20,35 kg), maior fecundidade (642 ovos), maior percentagem de eclosão (97%) no tratamento com Serimore à taxa de 3,5 ml por litro de água, maior proporção de casulos registada (24.098) no tratamento de Sampoorna à taxa de 7,5 ml/l de água, que foi igual ao tratamento de Serimore à taxa de 2,5 ml por litro (23,515), maior comprimento de filamento de casulo (1165 m), maior taxa efectiva de criação foi observada (95.25 por cento) foi registada com ácido fólico 200 ppm, a percentagem mais elevada de emergência de traça foi observada com ácido fólico 100 ppm (96,25 por cento), que foi igual ao ácido fólico 150, 200 ppm (94,75 e 95,25 por cento), respetivamente.

No tratamento de 120h das larvas de 5.º instar, registou-se a duração mais curta das larvas (7,113 dias), o peso das larvas de 5.ºinstar (47,99g), o peso mais baixo da casca (0,377 g), o peso mais baixo do filamento (0. 2985g), a taxa efectiva de criação mais baixa (89 por cento) no controlo.2985g), a taxa efectiva de criação mais baixa (89 por cento) foi registada no controlo, a duração mais curta da pupa (11 e 10,75 dias), a fecundidade mais baixa (580 ovos) em Sampoorna7,5 ml/l de água, o peso mais baixo de um único casulo foi registado (1.723), o menor rendimento de casulo por 10.000 larvas escovadas (17,19 kg), no tratamento de ácido fólico 200 ppm que foi a par com o controlo (17,19), o menor comprimento de filamento (956,75) foi observado no tratamento de Sampoorna à taxa de 2.5 ml/l de água, a menor emergência de traça (90 por cento) foi observada em Sampoorna a 5 ml/l de água, que estava a par com o tratamento de Sampoorna a 7,5 ml/l de água e 2,5 ml/l de água (92,5 por cento e 91,5 por cento) e controlo (91,75 por cento).

A duração mais longa da larva do 5º instar (8,795 dias), o peso da larva do 5º instar (51,75 g), a duração mais longa da pupa (15,75 dias), a fecundidade mais elevada (625 ovos) pelo tratamento de Serimore à taxa de 3,5 ml por litro de água, o peso mais elevado de um único casulo (2,086 g), o peso mais elevado do filamento (0,33725 g) foram registados no tratamento de Serimore à taxa de 2,5 ml por litro de água, que foi igual ao de Serimore 3.5 ml/l de água, registou-se o peso mais elevado da casca (0,477g), a relação casca-casulo (23,55), o rendimento do casulo por 10.000 larvas escovadas (20,66 kg), a percentagem mais elevada de eclosão (97,25%) registada no tratamento de Sampoorna7.5 ml/l de água, o comprimento mais elevado do filamento do casulo (996,25 m) foi registado com o tratamento de Sampoorna à taxa de 5 ml/l de água, A percentagem mais elevada de emergência da traça foi observada no ácido fólico 100 ppm (96 por cento).

5.2 A ingesta significativamente mais elevada foi registada pelo tratamento de Serimore à taxa de 3,5 ml/l de água às 48h, 72h, 96h e 120h. A ingesta significativamente mais baixa foi registada pelo tratamento de Sampoorna à taxa de 7,5 ml/l de água às 72h (1125 g) e 96h (1025 g). No entanto, o tratamento de Sampoorna à taxa de 5 ml/l de água registou a ingesta mais baixa às 48h (1137.5 g) e 120h (1142,5 g) e foram iguais aos de Sampoorna2,5 ml/l de água (1160 g e 1155 g) e Sampoorna7,5 ml/l de água (1140 g e 1152,5 g), respetivamente.

5.3 Os dados da análise de nutrientes da cama do bicho-da-seda revelaram que a percentagem mais elevada de azoto é de 2,14 por cento, fósforo 0,78 por cento, potassa 1,63 por cento, cálcio 1,58 por cento, magnésio 0,64 por cento, enxofre 0,29 por cento, zinco 84,7 ppm, ferro 1237 ppm, manganês 507,5 ppm e cobre 61,6 ppm na cama do bicho-da-seda tratada com Serimore.

CONCLUSÃO

O estudo revelou que o tratamento das larvas do bicho-da-seda bivoltino de quinto instar com o regulador de crescimento Serimore à taxa de 3,5 ml por litro de água durante o início do quinto instar, e a administração de ácido fólico a 200ppm melhorou o crescimento e os parâmetros económicos do bicho-da-seda bivoltino. O tratamento com Sampoorna à taxa de 7,5 ml/l reduziu significativamente a duração das larvas e a ingestão, mas teve um impacto negativo nos parâmetros económicos do bicho-da-seda nos primeiros tratamentos. Os resíduos de seri contêm mais nutrientes para as plantas, como macro e micro nutrientes, que contribuem para o aumento da produção. Os resíduos de sericicultura podem ser utilizados na produção de culturas de campo para aumentar o seu rendimento e a qualidade das culturas e produtos agrícolas.

Por conseguinte, sugere-se a utilização de Serimore à taxa de 3,5 ml por litro de água e ácido fólico 200ppm no início das larvas de quinto instar, e Sampoorna à taxa de 7,5ml/l de água antes da fase de fiação do bicho-da-seda bivoltino, a fim de melhorar o crescimento e as caraterísticas económicas do bicho-da-seda bivoltino *(BombyxmoriL.)*.

Referências

Akai, H., Kiguchi, K., Kobari, Y. e Shibukava, A. (1985). Aumento da produção de seda através de tratamentos com análogos da hormona juvenil. *J. Seric. Sci. Jpn.,* 54: 297-299.

Akarsha, M.R., Baruah, J.P., Kumar, T.J. e Kalita, C. (2020). Investigações sobre a dinâmica do serimoro em relação à atividade da catalase celular e às caraterísticas económicas do híbrido do bicho-da-seda. *IJAR,* 6(10), pp.952-961.

Anónimo. *(2022), Departamento de Investigação da Statita, Índia,* pp.1-2.

Balasundaram, D., Prabu, P.G., Selvisabhanayakam, V.M. e Ramesh, V. (2013). Estudos sobre a suplementação nutricional de folhas de amoreira MR $_2$ tratadas com vitamina C alimentadas por larvas de instar V do bicho-da-seda, *Bombyx mori,* L. (Lepidoptera: *Bombycidae)* em relação à eficácia alimentar e taxa de crescimento. *Int. J. Res. Biotechnol. Bio chem.*, 3(1): 11-18.

Bharathi, D. e Miao, Y. (1999). Efeito do metopreno, MH-111 e da combinação de metopreno e MH-111 nas larvas, caracteres da traça adulta, qualidade do casulo e proteínas da seda do bicho-da-seda, *Bombyx mori* L. alimentado com folha de amoreira e dieta artificial. *Critical Reviews in Biochemistry and Molecular Biolog,* 34(4):253-264.

Bharathi D. (2019). A Utilização de Resíduos de Sericultura para a Melhoria do Bem-Estar Socioeconómico na Índia. *Revista Internacional de Ciência e Pesquisa.* 8(2): pp. 372-377.

Bhogesha, K., Das, P.K. e Madhava Rao, Y.R. (1997). Efeito de vários compostos sericícolas na produção e qualidade das folhas de amoreira em condições de irrigação. *Indian J. Seric,* 36: 30-34.

Bongale UD, Chaluvachari, Mallikarjunappa RS, Narahari Rao BV, Anantharaman MN, DandinSB. (1997) Qualidade nutritiva da folha associada aos níveis de maturidade em catorze variedades importantes de amoreira *(Morus* spp.). *Sericologia.37(1):71-81.*

Brindha, S., Maragathavalli, S., Gangwar, S. K. e Annadurai, B. (2012). Efeito da hormona juvenil no aumento da produção de seda em *Bombyx moril. J. A. B. R.,* Vol., 2(3): 396-402.

Buhroo, Z.I., Bhat, M.A., Kamili, A.S., Ganai, N.A., Bali, G.K., Khan, I.L. e Aziz, A. (2018).Tendências no desenvolvimento e utilização de recursos sericícolas para diversificação e adição de valor. *Jornal de Estudos de Entomologia e Zoologia.* 6(4): 601-615.

Chandrakal M.V., Maribashetty,V. G., AftabAhamed,C.A. e Jyothi, H. K. (2001). Efeito da administração de fitoecdisona durante diferentes dias do quinto instar na produção de casulos e em alguns parâmetros de enrolamento no bicho-da-seda, *Bombyx mori. Boletim* da *Academia Indiana de Sericultura* 5(2): 105-110.

Cheng, L., Huang, H., Chen, S., Wang, W., Dai, F. e Zhao, H. (2017). Caracterização do crescimento de larvas de bicho-da-seda e propriedades das fibras de seda após alimentação direta de nanopartículas de cobre ou prata. *Materials & Design,* 129,pp.125-134.

Chou, W. S. e Lu, H. S. (1980). Regulação do crescimento e produção de seda em *BombyxmoriL.* a partir de ecdysteriod Phytogenous.In: *Progress in Ecdysone Research*(Ed.J.A.Hoffman)Elsevier/NorthHollandBiochemicalPress,*Amesterdam.* pp.281-297.

Das, P.K., Bhogesha K., Sundareswaran, P., Madhana Rao, Y.R. e Sharma, D.D. (1997). Vermiculture: Scope and potentiality in Sericulture. *Indian Silk.*36: 2326.

Das, S. and Medda, A (1988) Effect of cyanocobalamine on protein and nucleic acid contents of ovary of silkworm, *Bombyx mori* L. during larval, pupal and adult stages of development, *Insect Sci. Appl.* 9, 641 646.

Dutta, P. Dutta, Rai, A. K. e Neog, K., (2013). Melhoria do desempenho de criação em Muga Silkworm *Antheraea assamensis* com tratamento hormonal. *Mun. Ent. Zool.* Vol. 8, No.2.

Gangarathanamma BS, Rayar SG, Patil RR, Shekharappa, Adiver SS. (2005) Efeito da alimentação húmida e das frequências nas caraterísticas económicas do bicho-da-seda, *Bombyx mori* L. *Karnataka Journal of Agricultural Sciences.* 2005; 18(3):685-690.

Ganesh Prabu. P, Selvisabhanayakam, Balasundaram D., Pradhap M., Vivekananthan T. e Mathivanan V. (2012) Efeito da suplementação alimentar com nanopartículas de prata (AgNps) na eficácia alimentar do bicho-da-seda, *Bombyx mori* (L.)

(Lepidoptera: *Bombycidae). Revista Internacional de Pesquisa em Ciências Biológicas* 2012; 2(2): 60-67.

Gangwar, S.K. (2009). Efeito da hormona juvenil R394 no crescimento e desenvolvimento do bicho-da-seda *(Bombyx mori* L.). *ARPN Journal of Agricultural and Biological Science.* 4(6): 65-66.

Gaaboub. I. A., Rawash, L. A., Kelda, I. A. e Moustafa, S. M., (1990). Efeitos do tratamento larvar do bicho-da-seda com altosid, ZR-616 e dim.lm no peso das larvas, glândulas de seda, formação de casulos e produtividade da fibra de seda. *Agriculture Research Reviews.* 68 (1): 217-227.

Garai, I., Chozhan, K. e Radha, K.M.P.(2022). Investigações sobre a dinâmica dos mímicos da hormona juvenil sobre os parâmetros económicos do bicho-da-seda, *Bombyx mori. L.International Journal of Applied Research.* 6(10): 952-961.

Hanumappa, HG. e Prabhakar, L.S. 1985, Byproduct in Sericulture. *Indian Silk* 24(3):19-24

Heenkenda, A.P. e Parama, V.R.R.,(2010). Efeito do composto de pupas de bicho-da-seda na absorção de nutrientes de mineralização do solo, rendimento da cultura e conteúdo de nutrientes da planta de feijão francês (*Phaseolus vugaris* L.).*Tropical Agricultural Research2010*; 21(3): 391397

Hiware Chandrashekhar Jalba. (2016).Cenário da indústria da sericultura no Estado de Maharashtra, Índia. *J Entomol Zool Stud.*4(1):601-605.

Jadhav D, Sathyanarayana VK, Hugar II e Singh KK. (2016). Efeito do extrato de plantas medicinais de *Asparagusrecemosus* e *Astracantha longifolia* NERs como suplemento alimentar do bicho-da-seda, *Bombyx mori* L. para melhorar as caraterísticas do casulo. *Journal of GlobalBiosciences.* 5(4):3986-3993.

Kalaiyarasan, V., Nandhini, D.U. e Udhayakumar, K., (2015). Seriwaste vermicomposto Atrend de nova geração sustentável - uma revisão. *Agricultural Reviews.36(2),* pp.159-163.

Magadum, S.B. e Hooli, M.A. (1989). Aumento da produção de seda após aplicações repetidas com análogo da hormona juvenil, manta seguido de insulina na raça PM de *Bombyx mori* L.. *Sericolgia,* 29(4):523-528.

Mahmood R.(1989) Effect of nitrogen on the larval development and silk yield of *Bombyx mori* L. *M.Sc. (Hons.) thesis.* Dept. Agric. Entomol. Univ. Agric. Faisalabad Paquistão. 133.

Mala. N. e Vijila. K., (2021) Efeito da fortificação da ração nos índices nutricionais do bicho-da-seda, *Bombyx mori* L. *Int. J. Chem. Stud.,* 9(6): 18-23.

Mali, S. G. e Khyade, V. B. (2010). Influência do análogo da hormona juvenil e da insulina aplicada no terceiro e quarto instar em alguns caracteres de larva e casulo em *Bombyx mori* L. *JBio-Sci.* 18: 49-52.-72.

Mamatha, D.M., Kanji, V.K., Sudhakar Reddy, Kumari, P.G., Reddy, K.G., Cohly, H.P. e Rajeswara Rao, M., 2006. Effect of Methoprene and fenoxycarb on selected chemical constituents of the silkworm, *Bombyx mori* L.. *Hull. Hid. Acad. Seri.* , 8(2): 1-8.

Manu HN, Prashanth J, Chaitra S e Jagadeeshkumar TS (2020) Avaliação de vários parâmetros dos índices de consumo dos híbridos de bicho-da-seda administrados com teor de colesterol durante os bichos-da-seda do 4º instar. *Jornal de Farmacognosia e Fitoquímica* 2020; Sp 9(3): 120-128.

Marghitas, L. A., Bojan, C., Dezmirean, D. e Pasca, I. (2007). Estudo dos caracteres quantitativos das larvas do bicho-da-seda após a aplicação tópica de metopreno e fenoxicarbe. *Boletim da Universidade de Ciências Agrícolas e Medicina Veterinária de Cluj Napoca Animal Science and Biotechnologies.* 63/64: 208-213.

Miranda, J. E. , Bortoli, S.A. e Takahashi, R. (2002). Desenvolvimento e produção de seda por larvas do bicho-da-seda após aplicação tópica de metopreno. *Scientia Agricola*, 59(3): 585- 588.

Mishra, S.C. e Dash, M.C. (1992). Utility of sericultural wastes and by-products in Sericulture (Utilidade dos resíduos e subprodutos da sericultura). *Indian Silk. 31:*38-40

Mosallanejad, E. Bagheri Zonus, J. Nouzari, M. Talebi. (2002). Efeito da alimentação das larvas de primeiro a terceiro instar do bicho-da-seda *(Bombyx mori)* com folhas de amoreira enriquecidas com vitamina E em algumas caraterísticas reprodutivas. Procedimentos do 15º *Congresso Iraniano de Proteção das*

Plantas, Kermanshah. 167.

Moustafa, M.N. e Soliman, S.A.(2019). Eficiência nutricional e caraterísticas económicas do bicho-da-seda *Bombyx mori,* L. criado em folhas de amoreira fortificadas com simbióticos. *J. Plant Prot.& Pathol.,* 10(12): 671-675.

Nagendraradhya, B.S. e Jagadeesh, T. S. (2013). Efeito da administração tópica de mímico JH e desempenho de caraterísticas qualitativas e quantitativas das raças bivoltinas CSR2 e MG408 do bicho-da-seda, *Bombyx mori* L. *Int. J of Sci., Environ. And Tech.* , Vol. 2, No.2, 185-195.

Nair, K. S.Vijayan, V. A.Trivedy, K. e Nair, J. S. (2001). Melhoria das caraterísticas comerciais do bicho-da-seda, *Bombyx mori* L., através da administração de um juvenóide, R394. *Int. JIndust. Entomol,* 3:169-175.

Nair, K. S., Trivedy, Shyam, R., Chintalwar, G. J., Chinya, P. K., Datta, R. K., Chattopadhyay, S. e Banerji, A. (2002). Ecdysteroid from *Sesuvium portulacastrum* for synchronization of cocoon spinning in silkworm, *Bombyx* moriL. In:*Advancein Indian SericultureResearch*(Eds. S. B.DandinandV. P. Gupta) CSRTI, Mysore pp. 247-251.

Nair, K.S., Nair, J.S., Vijayan, V.A. e NirmalKumar, S. (2004). Growth pattern of last instar silkworm, *Bombyx mori* L. As modulated by a juvenoid, R394 and its influence on cocoon traits. *Indian J. Seric.* 43(1):50-56.

Nair, K. S., Gen, M. Y. e Kumar, S. N. (2005). Differential response of silkworm, *Bombyx* moriL. to phytoecdysteroid depending on the time of administration. *Journal of Applied Science Environment Management* 9(3): 81-86.

Nair K. S., Kariappa B. K. e Kamble C. K. (2008). Impacto das administrações individuais e conjuntas de análogos da hormona juvenil e de fitoecdisteróides na gestão das culturas e no desempenho do bicho-da-seda, *Bombyx mori* L. *J of Bio-Sci.* 8(2): 470-473.

Nair, K.S., Jula S. Nair, e Vijayan, V. A. (2010). Hormona fito-juvenil para aumentar o rendimento do casulo no bicho-da-seda, *Bombyx mori* L. *J OfBiopesticides* 3 (1 Sp. Issue) 212-216.

Nair, K. S., Gopal, N. e Kumar, S. N. (2011). Melhoria da produção de casulos induzida por um análogo da hormona juvenil, SB-515, no bicho-da-seda bivoltino

(Bombyx mori L.) híbrido, CSR2 x CSR4 e a sua combinação recíproca. *J of Ento.* 9 (1): 5056.

Nayak, P. (2006). Influência do antibiótico na eficiência da conversão alimentar do bicho-da-seda da amoreira (*Bombyx mori.* L.). *Animal Biology,* 56(1), pp.13-22.

Nirwani, R.B e B.B. Kaliwal (1995) Effect of folic acid on economic traits, glycogen and protein contents of the fat body and trehalose and protein content of the haemolymph of the silkworm, *Bombyx mori.* L *Korean.J.Seric.Sci.*, 38(2):118-123.

Ogunbanwo S.T. e Okanlawon, B. M. (2009) Influência da utilização de nutrientes e das condições de cultivo na produção de ácido lático por fermentadores homolácticos. *Biotecnologia.* 8:107- 113.

Pai, I. e Hemlatha, K. (2007). Redução induzida por PABA de caracteres de aptidão em duas raças de bicho-da-seda de amoreira, *Bombyx mori* L. *Journal of Applied Zoological Research*, 18 (2): 146-147.

Plantevin, G., Grenier, S. e Chavancy, G. (1991). Efeitos de um regulador de crescimento de insectos, Fenoxycarb, no desenvolvimento pós-embrionário de *Bombyx* moriL. *Academic des Sciences,* 313 (11): 513-519.

Rahmathulla, V.K., Mathur, V.B. e Devi, R.G. (2004). Crescimento e eficiência alimentar do bicho-da-seda *(Bombyx mori.* L.) em várias condições de stress nutricional e ambiental. *Philippine Journal of Science*, 133(1), pp.3943.

Rahmathulla, V.K., Priyabrata Das, Ramesh, M. e Rajan, R.K. (2007) Growth rate pattern and economic traits of silkworm, *Bombyx* moriL under the influence of folic acid administration. *J. Appl. Sci. Environ. Manage,* 11(4):81-84.

Rahmathulla, V.K., Das, P. e Ramesh, M. (2011). Efeito da suplementação com ácido fólico na eficiência nutricional e de conversão alimentar do bicho-da-seda da amoreira *(Bombyx moriL.1758). Tropical Zoology,* 24(2):145-157.

Rahmathulla VK. e Suresh HM. (2012) Variação sazonal no consumo de alimentos, assimilação e eficiência de conversão do bicho-da-seda híbrido bivoltino indiano, *Bombyx mori. Journal of Insect Science.12(I):82.*

Rai, M.M., Rathod, M.K. and Khurad, M.A.(2002) Improvement in economic characters of silkworm, *Bombyx mori* L. by folic acid administration. *Entomon,* 27(1):99-104.

Rathod BS, Nalwandikar PK, Shetgar SS, Sawant CG e Sonkamble MM. (2015) Efeito da alimentação com folhas de amoreira misturadas proporcionalmente no bicho-da-seda híbrido duplo. The Bioscan. 2015; 10(1):1-4.

Rehman A. (1997). *O impacto de dosagens óptimas de minerais em várias combinações no desenvolvimento larvar e na produção de seda de Bombyx mori* L. *M.Sc (Hons) Tese.* Dept. Agric. Entomol. Univ. Agric. Faisalabad, Paquistão.

Rufaie, Z. H., Munshi, N. A., Sharma, R. K., Ganie, N. A. e Malik, G. N. (2012). Efeito do fitoecdisteróide (β-Ecdysone) na sincronização da maturação no bicho-da-seda *Bombyx* moriL. *Revista Internacional de Pesquisa Biológica Avançada* 2(2): 238-240.

Rufaie. Z. H., Baqual, M. F., Sharma, R. K., Nissar, A. G. e Mir. M. R. (2015). Uso do fitoecdisteróide (β-Ecdysone) como poupador de culturas na indústria da sericultura. *Revista Internacional de Ciência e Natureza* 6(2): 147-150.

Santhy K. S. (2015). Taxas de alimentação e assimilação no bicho-da-seda *Bombyx mori,* influenciadas pelo Methoprene. *JA. Pharma. Sci.* Vol. 5(10),pp. 101-106.

Sashindran Nair, K., Trivedy, K., Vijayan, V.A., Nair, J.S. e Chinya, P.K. (2001). Influência do mímico de JH, epóxido de BPE, nas caraterísticas comerciais do bicho-da-seda, *Bombyx mori* L. Indian J Seric, 38(2): 119-124.

Sashindran Nair, K. Nair, J. S. Trivedy, K. e Vijayan, V. A. (2003). Influência do bakuchiol, um análogo de JH de Bemchi *(Psoralea corylifolia)* na produção de seda no bicho-da-seda, *Bombyx mori L. (Bombycidae:* Lepidoptera). *Jornal de Ciência Aplicada e Gestão Ambiental.* 7(2): 31-38.

Sashindran Nair, K., Nirmal Kumar, S., Mary Flora, C. A. e Qadri, S. M. H. (2011). O análogo da hormona juvenil SB-515 para a melhoria do rendimento das culturas no bicho-da-seda *(Bombyx mori* L.) e a sua popularização através da demonstração no local em Gobichettipalaym (Tamil Nadu). *CSTRI, Mysore-Conferência do Jubileu de Ouro,* pp: 71-72.

Schmelz, E. A., Grebenok, R. J., Ohnmeiss, T. E. e Bowers, W. S. (2000).Interação entre *Spinacia oleracea e Bradysia impatiens*: Um papel para os fitoecdisteróides.

Arch. Insect Biochemistry Physiology 51(4): 204-221.

Shafique M.(1993). *Efeito da alimentação com folhas de amoreira tratadas com fósforo e azoto no desenvolvimento do bicho-da-seda (Bombyx mori L.) e na produção de seda. Tese de Mestrado (Hons).* Depto. Agric. Entomol. Univ. Agric. Faisalabad Paquistão.

Shanmugam, R. e Ramamoorthy, K. (2014). Efeito da reciclagem de nutrientes em um sistema agrícola integrado baseado em soros na fertilidade do solo, produtividade e lucratividade no sistema de cultivo de milho e girassol. *Trends Biosci,* 7: 317-321.

Sharma S. e Madan M. (1992). Optimal utilization of sericulture waste (Utilização óptima dos resíduos da sericultura). *Resource Conservation and Recycling.* 7:295-304.

Sharma, A., Bandral, R.S., Sharma, P., Gupta, R.K., Bali, K., Shankar, U., Sharma, S. e Pandey, R.K. (2022). Efeito da criação de zangões e da fortificação com protinex nos índices de alimentação do bicho-da-seda, *Bombyx mori L. J. Pharm. Innov.,* 11(8): 285-289.

Shetty Shivappa, T.G Nandakishore, H.R., Ranga Reddy e Patil, R.B. (1978). Resíduos de minhoca como substrato para a produção de biogás. Abs. in All India Symp. Ciência da Sericultura. Bangalore. P-12.

Somanna, D. e Reddy, D.N.R. (1996). Quantificação e composição nutricional dos excrementos do bicho-da-seda da amoreira. *Indian Journal of Ecology,* 23(2), pp.148-149.

Trivedy, K., Nair, K.S., Ahsan, M.M. e Datta, R.K., (1997). Uma hormona juvenil que imita o aumento modulado da produtividade da seda no bicho-da-seda, *Bombyx mori.L. Indian JSeric,* 36(1):35-38.

Trivedy, K., Nirmal, K. S. e Dandin, S. B. (2006). Phytoecdysteriods and its use in sericulture. *Sericologia* 46(1): 57-72.

Unni, Utpala Bora, Singh HR, Dileep BS, Barnali Devi, Wann SB e Archana Bora,

Bhau BS.,Neog K.,Chakravorty R. (2008).Produção de fibras de seda de alto rendimento e qualidade pelo bicho-da-seda muga, *Antheraea assama*, através da aplicação de rizobactérias promotoras do crescimento de plantas.*Current Science,* pp. 768-774.

Venugopal, A., Chandrasekhar, M., Naidu, B.V. e Raju, S. (2010). Vermicompostagem em insericultura usando cultura mista de minhocas (*Eudrillus eugineae, Eisenia foetida e Perionyx* excavates) - Uma revisão. *Agricultural Reviews,* 31(2), pp.150154.

Venugopal, A., Raghupathi, M., Vidyunmala, S., Sivarami-Reddy, N.,Satyanarayana, R. C. e kumar, S. N. (2011). Efeito da hormona fitoecdisteróide no amadurecimento e na fiação do bicho-da-seda, *Bombyx moriL*, em condições semi-áridas de Andhra Pradesh. *Jornal de Zoologia Experimental,* 15(1): 157-162.

Yashoda, K.P., Sachindra, N.M., Rao, D.N. e Mahendrakar, N.S. (2001). Alterações na população microbiana durante a fermentação de pupas do bicho-da-seda. *Sericologia.* 41:253-267.

Zhuange, D. H., Xiang, M. e Gui, Z. Z. (1992). Estudos práticos sobre o crescimento e desenvolvimento por hormona de inseto no bicho-da-seda *Bombyx mori.* L XIX *International Entomology Beijing, China,* 5:14

MIX
Papier aus verantwortungsvollen Quellen
Paper from responsible sources
FSC® C105338

Printed by Books on Demand GmbH, Norderstedt / Germany